IME-HONORED CRAFTS

SHUISHI

水石设计 著

同济大学出版社・上海

序 \ FOREWORD

沈华给我带来了一本他们企业编的书稿《匠作》，翻开就看到当年他的父亲沈忠人同志和我在 80 年代修缮瑞光塔时的照片，一下子就勾起了我那段艰苦却快乐的回忆。那时候，改革开放已经拉开序幕，但市场经济还未启动，我作为东南大学负责瑞光塔修缮设计的老师，为了赶图纸就住在工地附近的旅馆里。老沈工则作为甲方——苏州房管局的工地管理的工程师，我俩为了瑞光塔修缮走到了一起。不像如今的甲方工地施工代表，只关注施工单位按图施工，那时老沈工既要自己组织施工队伍，又要对设计单位的乙方的设计提出质疑和调整建议，因而我们少不了交流碰撞。最重大的碰撞发生在关于瑞光塔基础加固的方案上。当时邀请了某大学地基基础教研室的老师，他们提出了树根桩加固的方案，沈工联合了苏州几位工程师对该方案提出了异议，并再次来到瑞光塔做钻探，得到新的数据后研究出了新的基础方案。由此我知道老沈工是一位肯钻研、勤思考、决心把旁人做不好的事做好的技术人员。也是从那时开始，我们有了以后不断的合作，这些合作成果也反映在本书的内容中，如深圳的大鹏所城、苏州博物馆的戏墨堂等。

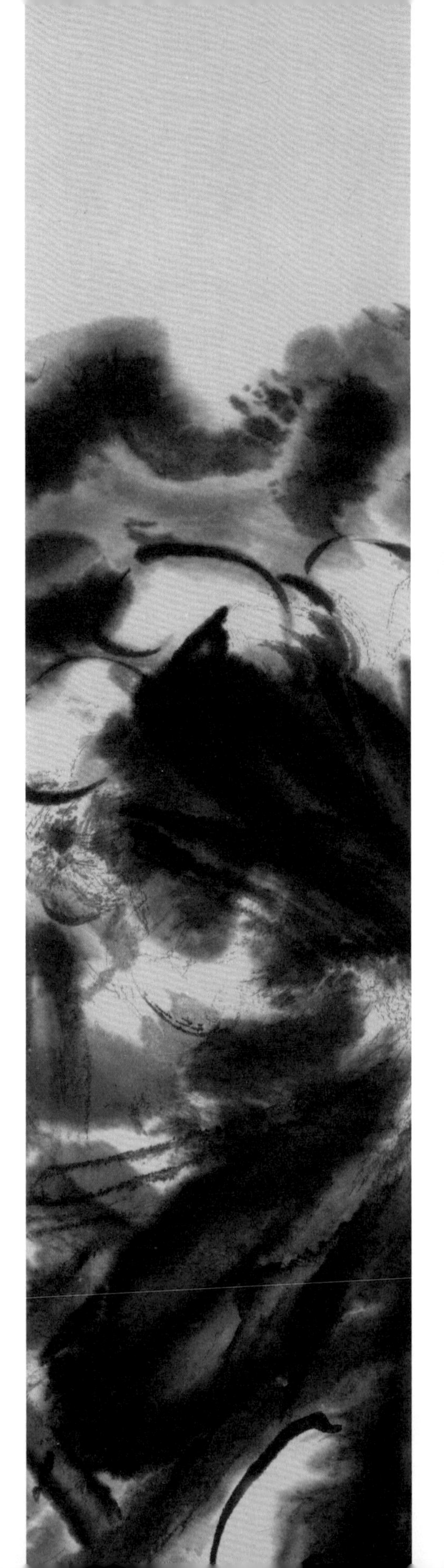

当年老沈工还是在体制之内，为了说明工作方式，他举例拿破仑如何将一个鸡蛋竖在桌子上的故事，说起来简单，却又出人意表。这就是他用来比喻自己钻研的精益求精的简单路径。转眼四十年过去了，沈华同志接了老沈工的班，而且鸟枪换炮了，如今沈华是下海按市场经济法则办事了，其足迹遍布于南北东西，更是调动了一批年轻技术人员同心协力应对市场上各类甲方的难题。沈华使用“匠作”一语作为书的题目，显然还表达了坚持将老沈工开创的精益求精的道路走下去的决心。

钻研技艺精神之外老沈工还有一种精神，那就是在关键时刻挺身而出。他多次提及苏州修缮虎丘塔时，决策要更换底层风化严重的砖砌体，方案上报国家文物局后，国家文物局虽然同意但强调不得出现任何意外和纰漏，可见施工负责人的责任何等重大。当做好一切材料准备，安装好千分表检测砌体变形后，沈忠人同志亲自带领一组工人从最危险的北侧底部开始拆旧补新，他告诉几位工人，他不撤其他人也不得撤离。在拆除风化砖砌体后，砌体应力急剧重新分布引发千分表急剧变化之时，他带领几位师傅抢在时间前面修补好了砖塔的危险部位。这种把科学精神和勇敢担当相结合的技术负责人是国家永远需要的人才，也是项目的设计、施工、管理部门负责人应该学习的基本素质。当年沈忠人同志不唯上、不惟权、不惟权威，在技术上追流溯源，我们之间也经常争论、抬杠，却共享科学求真精神的果实。我重提此事也是希望沈忠人这种技术精益求精，且敢于担当的精神能够继续传承下去。

自然，几十年后的新世纪二十年代，市场、工作生态环境、技术和材料和过去相比已经不可同日而语了，新的问题也需要新一代努力去应对，尤其是店大欺客，长官意志、剥夺劳动者成果等事项层出不穷，显示出依然在法治的道路上蹒跚前行的国情的真实一面。这使我经常想起《园冶》里那句关于能主之人的阐释：“世之兴造，专主鸠匠，独不闻三分匠、七分主人之谚乎？非主人也，能主之人也”。我希望沈华和他的团队能够成为建设中国人民家园的能主之人的一部分。

朱光亚
二〇二二年九月十五日
于石头城下

朱光亚，东南大学教授、博士生导师，一级注册建筑师，国务院特殊津贴获得者，国家文物局专家组专家、国家住建部历史名城委员会学术委员，中国建筑学会建筑教育奖、中国民族建筑事业终身成就奖获得者。

长期从事建筑历史与理论、建筑遗产保护方面的研究、实践和人才培养工作，承担了国家自然科学基金以及教育部、国家文物局和江苏省的一系列科研课题，主持大量重要世界遗产、文物保护单位的规划、保护和设计工作，成果获教育部国家科技进步一等奖、教育部优秀工程勘察设计传统建筑一等奖、国家文物局全国十佳文物保护工程奖等多个国家、省部级奖项。

让世人惊艳的苏州博物馆新馆里，有座宋式草堂“宋画斋”（现称“墨戏堂”），这是贝聿铭先生在设计之初就确定需要建造的，贝先生希望可以在实际的空间中展现宋代的文人生活。“宋画斋”以南宋画作中的建筑为蓝本，由东南大学朱光亚教授操刀设计。建造全部采用传统施工工艺和材料，包括青石、编竹夹泥墙、梓木、茅草等，建造负责人是沈忠人（沈工）。从某种意义上说，“宋画斋”这座实为当代建筑的“古建筑”，更是一个在新时代进行传统建筑营造的“非典型”案例。

沈工是苏州古建筑行当里的老把式，自20世纪70年代末开始就一直干着修复文物古建筑的活，包括著名的虎丘塔抢修、瑞光塔修缮等。沈华是沈工的独子，接班干的还是这些事。沈工说：“干这活要耐得住寂寞，这是擒龙的功夫，没有几十年的积累不要说自己会。”父训如斯，沈华踏踏实实一干就二十年。

沈华和他的团队，一边勤勤恳恳地修着文物古建筑，一边也努力拓展传统建筑设计与施工的广度和深度，当然，深厚的积淀和扎实的学养，才是根本，所有的一切皆从研究入手，正如朱启钤先生构想的营造学社目标：“非依科学之眼光、作系统之研究、不能与世界学术名家公开讨论，沟通儒匠，浚发智巧。”

但也应该看到，只有与时俱进，突破创新才是活力之源。在善于“修古”、善于“仿古”的基础上，如何把新旧结合、如何将传统式样融入当代建筑的规划设计中……经世致用，不尚空谈，在这样务实的实践中，沈华和他的团队认识到其终极目的是将中国优秀传统建筑文化及其价值揭示并传承后世，并形成了相对成熟的工作技术路线：以研究为基础，以历史为依据，以文化为灵魂，以工程和管理措施为落脚点。

日积月累，沈华团队现在已经拥有了遗产保护、文化策划和传统设计三块设计服务的能力，加上一体化施工，可以从项目研究入手，到测绘勘察制定古建修复方案，新建传统建筑设计及工程施工，乃至后期项目内部装饰陈设、文化表现，传统建筑全案全程的服务。

如此呈现的这些项目，“古”就古的地道，“新”也新的自然。冠名“匠作”，为的是不忘技艺乃为建造之根本，没有工匠又谈何完成美好的设计？有人用“匠气”来核定标格高下，殊不知无匠何判高下？小匠、大匠之后始有师。

所以，须为“匠作”正名，《周礼》曰：“知者创物，巧者述之守之，世谓之工。百工之事，皆圣人之作也。”

而求实之道，则如梁启超先生所言：“且有一兴作，而一切工料。一切匠作，无不仰给之于彼，彼之士民，得以养焉。”

沈旸

二〇二二年十月

沈旸，就职于东南大学建筑历史与理论研究所，是传统木构建筑营造技艺研究国家文物局重点科研基地副主任，中国紫禁城学会中华民族视觉形象研究基地主任助理，国家文物局专家库及长三角文物专家库成员，中国城市规划学会历史文化名城规划学术委员会青年委员，中国城市科学研究会名城保护委员会城市设计学部委员，央视《百家讲坛》主讲人之一，曾获首届长三角建筑师联盟青年建筑师奖等。

沈旸致力于在前辈学者的基础上探索建筑史研究的深度和广度。以历史作为一种思维方式主张以开放的态度综合运用多学科的方法来研究城市建筑这艺术与工程技术的综合体。

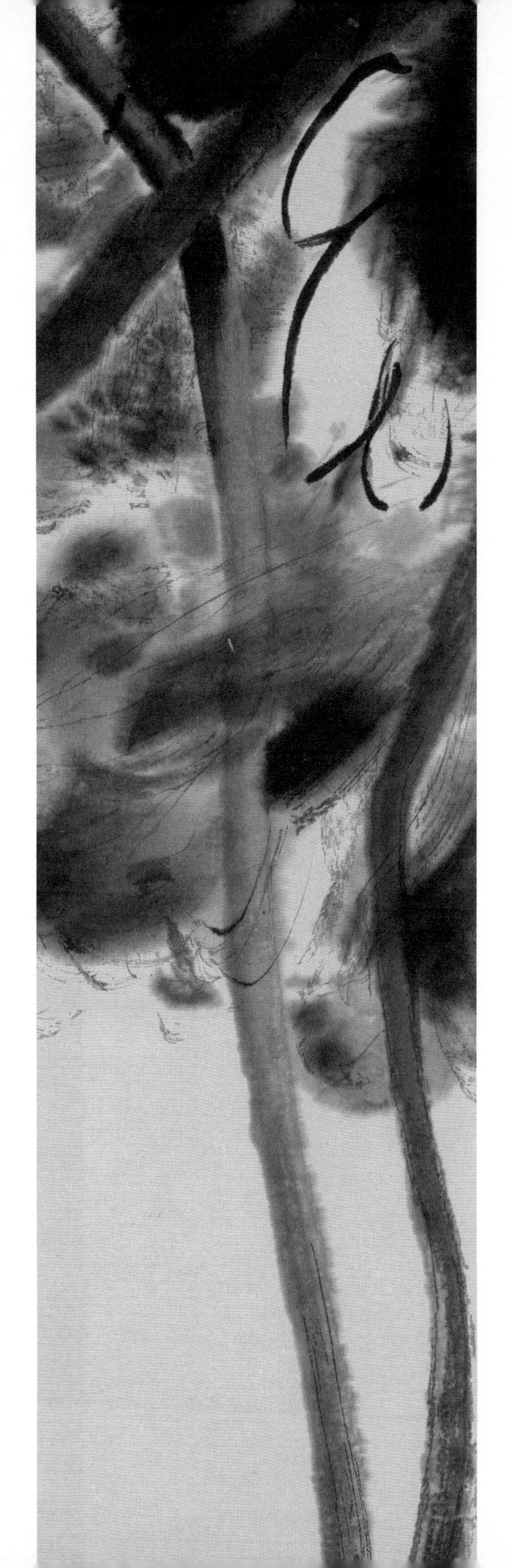

目录 CONTENTS

「第一章」修缮修复

◎苏州云岩寺塔「虎丘塔」维修加固工程
◎苏州瑞光塔修缮工程
◎深圳大鹏所城保护修缮设计
◎景德镇天主教堂保护修缮
◎宾兴馆保护勘察修缮整治设计

ARCHIFECTURNL HERITAGE RESTORATION & RENOVATION

古建筑修缮"修复"的目的是完全保护和再现文物建筑的审美和历史价值，
需要进行考古和历史研究，尊重原始资料和确凿的文献，
各时代在文物建筑上的留存都要尊重，修缮"修复"的目的
不是追求风格的统一，而是保持原有建筑的艺术与历史见证的真实性。

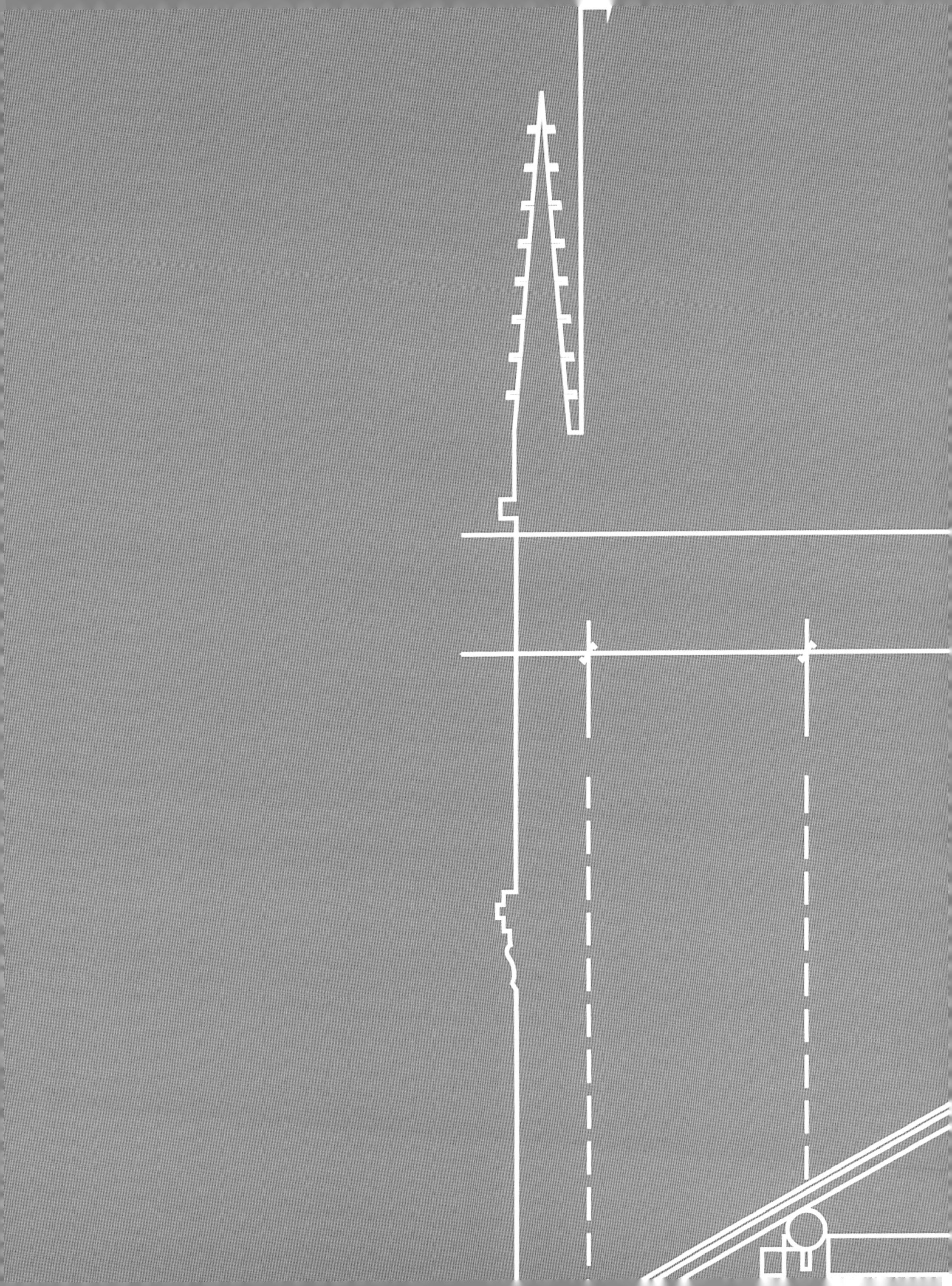

959

A.D.

始建年代 | Earliest Build Time

1982

A.D.

修缮时间 | Design Time

1986

A.D.

完成时间 | Completion Time

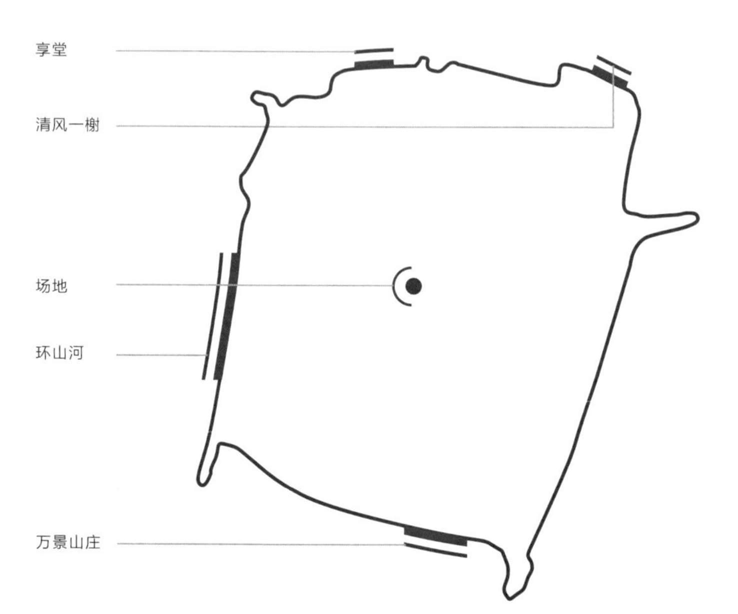

设计团队

苏州市文物古建筑工程有限公司
（原苏州市文物古建筑整修所）

项目地点

中国 - 苏州

项目标签

苏州市 - 虎丘塔

项目内容

维修加固

云岩试剑

01 苏州云岩寺塔「虎丘塔」维修加固工程

01

SUZHOU YUYAN TEMPLE PAGODA [TIGER HILL PAGODA] MAINTENANCE AND REINFORCEMENT PROJECT

苏州云岩寺塔“虎丘塔”维修加固工程

五代后周显德六年
始建年代 | EARLIEST BUILD TIME

1982 A.D.
修缮时间 | DESIGN TIME

1986 A.D.
完成时间 | COMPLETION TIME

虎丘塔是驰名中外的古塔建筑，位于江苏省苏州市阊门外山塘街虎丘山，距市中心 5 公里。相传春秋时吴王夫差就葬其父（阖闾）于此，葬后 3 日，便有白虎踞于其上，故名虎丘山。虎丘塔始建于五代后周显德六年（959 年），落成于北宋建隆二年（961 年）。塔七级八面，内外两层枋柱斗拱，砖身木檐，是 10 世纪长江流域砖塔的代表作。由于宋代到清末虎丘塔曾遭受多次火灾，故顶部木檐均已毁坏，现塔身高 47.7 米。1956 年在塔内发现大量文物，其中有越窑、莲花石龟等罕见的传统艺术珍品。1961 年被列为全国重点文物保护单位之一。1977 年苏州市文化局房管站领导下，成立修塔办公室（团队前身），组织动员各地力量参与抢修工作，经过全体团队的努力，历时 4 年 9 个月竣工。该抢修工程获得“国家文物局科技进步三等奖”“江苏省文化厅科技进步一等奖”。

［图1］
150 年前
虎丘塔全貌
「罗哲文提供」

1957 年整修加固后，至 1965 年，由于塔体不均匀沉降及塔身不断位移，已发现塔底层塔墩壁面产生较多竖向裂缝。1976—1978 年裂缝延伸较快，塔底层东北、西北两个塔心墩壁面竖向裂缝明显，壁面连续发现大面积爆裂、凸肚、脱壳、剥离，砖面大块掉落。北半部外壶门两侧壁面裂缝增大、增多，裂缝位置对称，有贯通之势，长度达 2 米左右，其他竖向裂缝长度均超过 1.3 米。

［图2］
1978 年
虎丘塔

经专家会议讨论，国家文物局批准，为防止古塔发生突变，对东北、西北两个内塔墩及四个内塔墩上段，进行抢险临时加固。用木枋、钢箍、转角包钢板、硬橡皮、上下 22 道直径 18 毫米圆钢、松紧螺丝绞紧。

[图3]
加固后
虎丘塔全貌

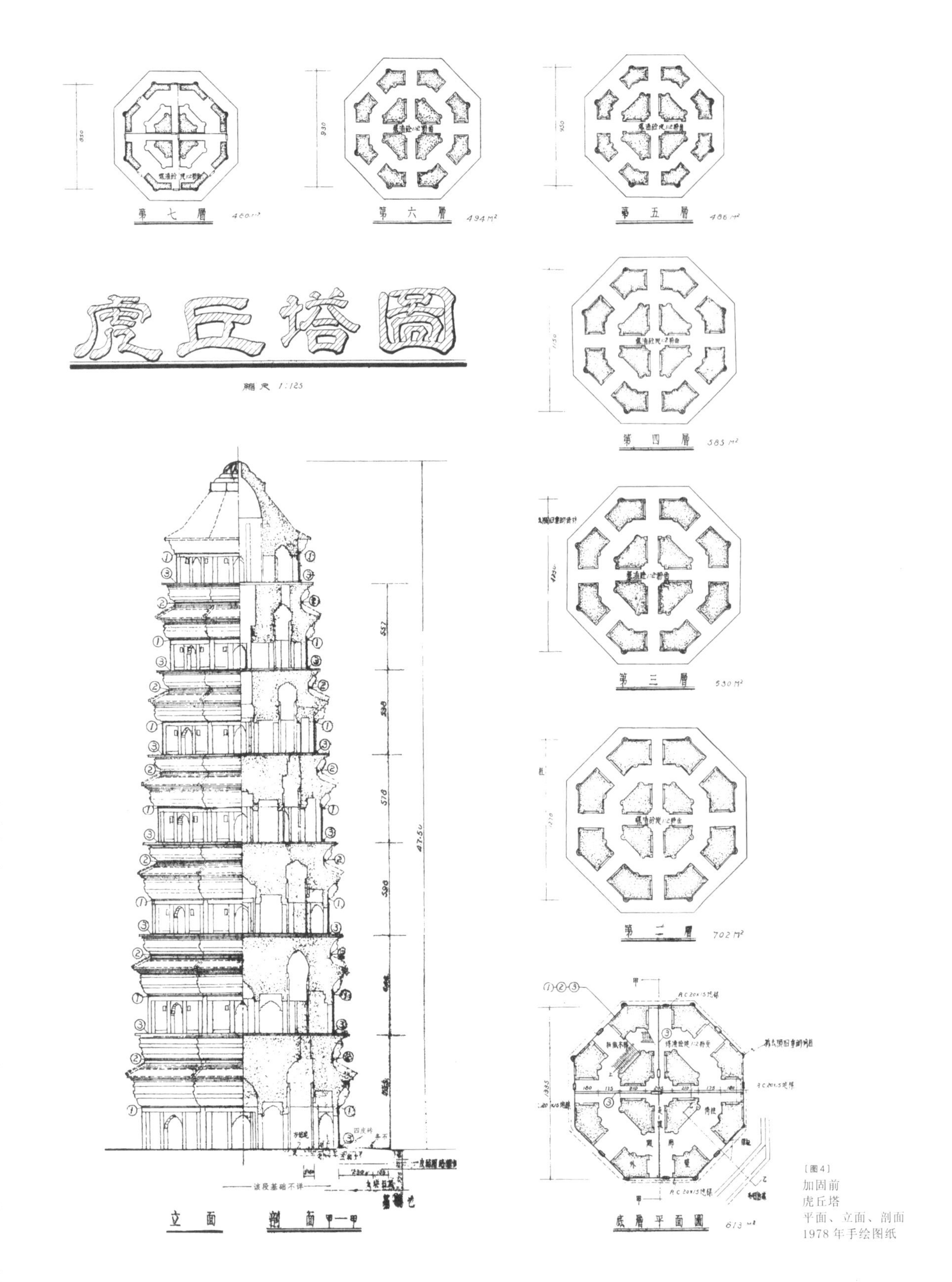

［图 4］
加固前
虎丘塔
平面、立面、剖面
1978 年手绘图纸

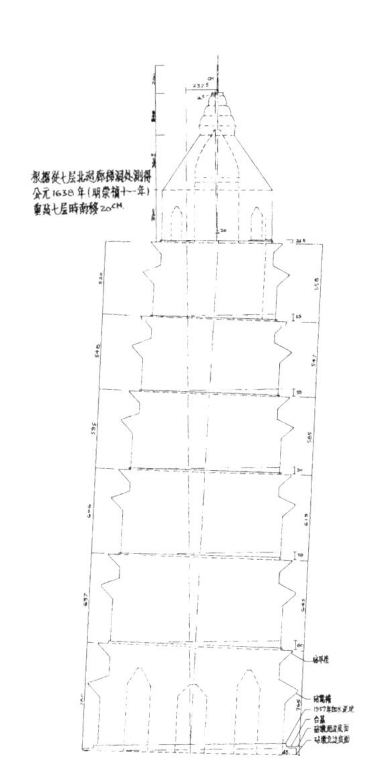

〔图5〕
加固前
塔身倾斜情况示意

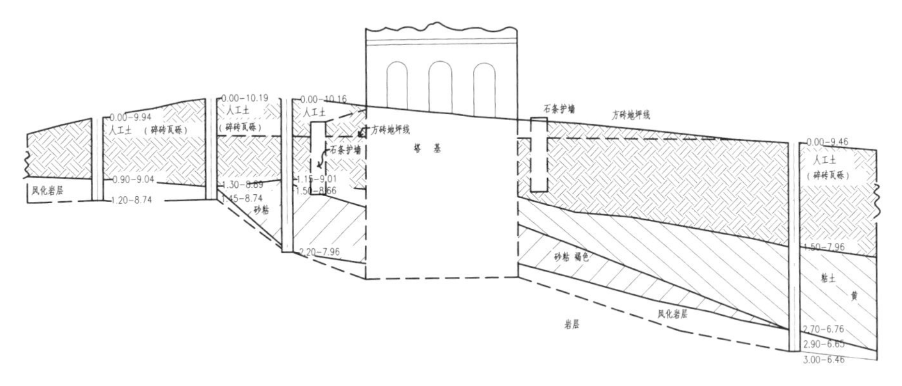

〔图6〕
地质剖面

在进行塔基础加固和西北塔心墩试点加固时，对塔墩进一步进行详细检查。发现东北、西北两个塔心墩，高1.8米至2米以下区域，砖墩外圈砖块绝大部分已被破坏，呈龟裂状，酥碎，丁砖几乎全部折断，砖砌体内外拉开、错位。塔墩下段砖砌体风化、破损尤为严重，砌体黄泥夹缝不均匀且压缩现象明显。塔心墩东、西、北三个壶门上过梁木已腐朽和压损，水泥喷浆面亦已裂开，局部塔心墩圆倚柱与墩体拉裂，贯通裂缝最宽达2厘米。

由于塔身倾斜，塔北半部长期偏心受压，加速了已严重风化砌体的损坏。很多砖块被压碎、压酥，强度下降，且已达极限状态。

通过多次研究、方案选择和试点施工，经批准对两个塔心墩采取局部更换砌体，作配筋砖砌体加固方案。对底层西北、东北两个塔心墩和东、西、北三个内壶门循序进行重点加固工程。

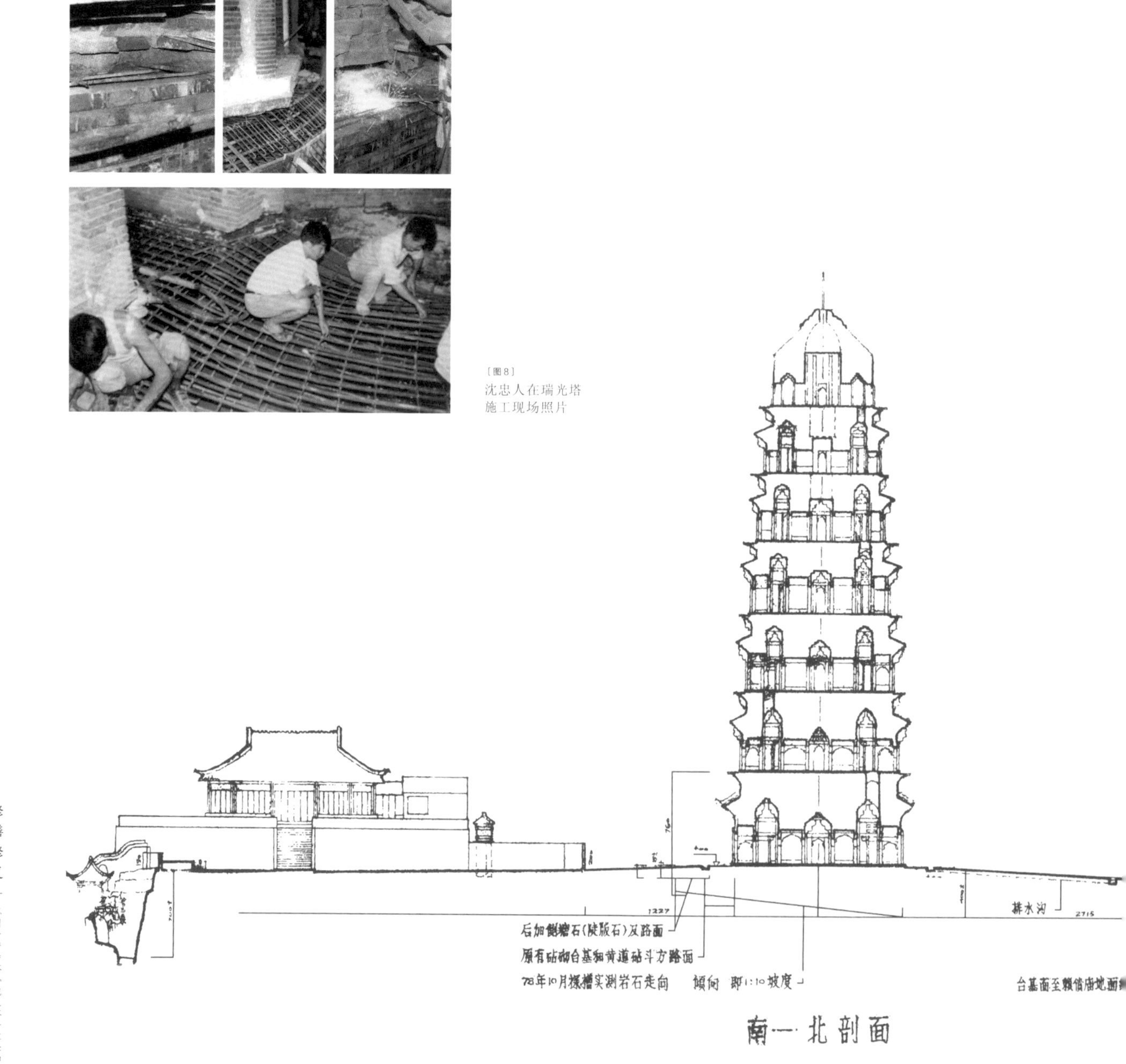

［图8］
沈忠人在瑞光塔施工现场照片

［图7］
塔院及附近剖面

附注：

1. 西南侧图示120° 范围内相邻桩柱之间留出钢筋，浇灌混凝土时使其连成一体。

2. 图示桩柱编号为施工顺序号，先以1号桩柱做施工试点，以后每次三个，按桩柱号顺序施工。

3. 据现有资料，塔基东北侧绝对标高30.71米以下至岩石为亚黏土层，在桩柱范围内采用水平顶管进行加强，各层顶管分布及数量于现场试验确定方案后再施工。

［图9］
基础加固
桩柱平面

［图10］
塔身加固
平面布置

4. 由于塔墩施工没有资料可查，塔的应力分布无法正确计算，因此是在小心谨慎、万无一失的思想指导下经过摸索，找出其可行性。对古塔的应力分布变形情况，还需进一步探讨。但本次塔墩抢险竣工，为保存虎丘古塔作出了重要贡献。——沈忠人

5. 苏州云岩寺塔（虎丘塔）维修加固工程内所有文字、照片、图纸均来源于文物出版社出版《苏州云岩寺塔维修加固工程报告》。

247

A.D.

始建年代 | Earliest Build Time

1989

A.D.

修缮时间 | Design Time

1994

A.D.

完成时间 | Completion Time

设计团队

潘谷西、朱光亚、沈忠人 等

项目地点

中国 - 苏州

项目标签

苏州市 - 瑞光塔

项目内容

复原修缮

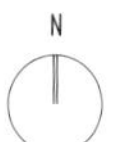

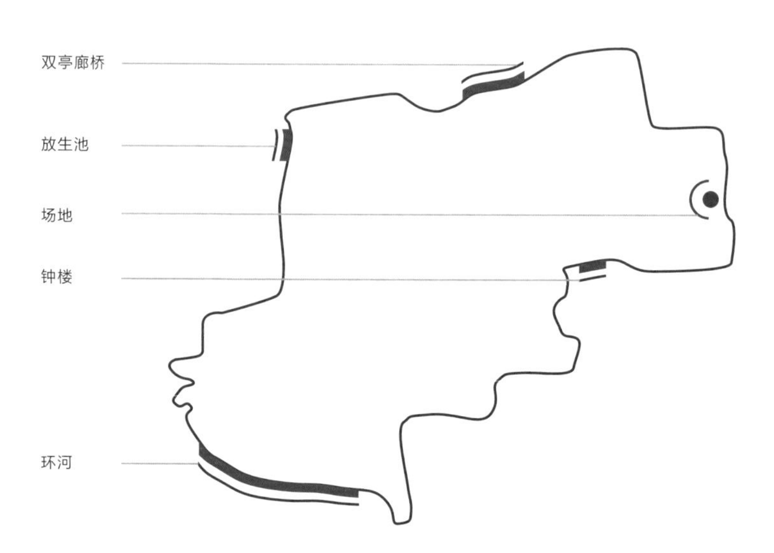

祥符瑞光

02

苏州瑞光塔修缮工程

02

RENOVATION OF RUIGUANG PAGODA IN SUZHOU

苏州瑞光塔修缮工程

东吴赤乌十年
始建年代 | EARLIEST BUILD TIME

1989 A.D.
修缮时间 | DESIGN TIME

1994 A.D.
完成时间 | COMPLETION TIME

瑞光塔是位于苏州盘门景区内的一座宋代古塔。始建于247年（东吴孙权赤乌十年），13层。宋代大中祥符年间（1008—1016年）重建时改为7层8面。高约43米。

瑞光塔在我国古塔建筑史上有极高的价值，是江南宋代砖结构仿木楼阁式塔中比较成熟的代表，是研究这种古塔发展演变及工程技术的一个重要实例，是砖木结构楼阁式塔典型。

瑞光塔乃七级八面楼阁式塔，维修前底层台基为浮土掩埋，顶部塔刹亦已倒塌，原高度不详。所遗存者乃覆钵以下部分，塔自底层地平以上总高43.2米，现存塔身于北宋景德元年至北宋天圣八年建成，先后经历约27年的修建时间。该塔为八角形平面砖木结构，具有江南古塔的风貌特点。塔内部二、三、四层为砖砌叠涩楼面，五、六、七层为木结构楼面。

该塔在建造技术方面已有显著发展，出挑斗栱全部为木制，腰檐也为木构。既保留了木塔大而优美的出檐，又保留了砖塔所具备的耐久性。在减少木材用量的同时，减少了虫害，具备适应江南潮湿自然气候的优点。该塔在建筑用材技术方面也有进步，解决了木构和砖砌体的连接问题，进一步发展了异型砖仿木构技术。可以推测，正是在瑞光塔时代，南方砖结构楼阁式塔完成了仿木进程。瑞光塔综合了木塔和砖塔的优点，对宋代以后砖木结构塔的建造产生很大影响。除却有历史记载的靖康和元至正末的两次焚毁，历史上该塔也曾多次遭受火灾和损坏。

1989年由苏州市文物古建筑整修所（现苏州市文物古建筑工程有限公司）组织领导修缮工程，

左［图1］
修缮前
瑞光塔全貌

南京工学院（现东南大学）建筑系承担修缮设计。团队对瑞光塔的修缮原则为：修缮外部的平座层及出挑木构。同时根据史料考证，增补副阶部分。除修复楼层砖叠涩外，内部其他保持原状。由于年久失修，其塔刹、平座、腰檐等构件均已不同程度损坏。塔身的砖砌体已千疮百孔，不仅杂草丛生，还栖息着很多鸟类。塔身上下均有不同程度动植物入侵的情况。腰檐部位砖砌体损坏较多，木构件也已掉落，留下许多洞眼。

自瑞光塔开始修缮至完工，时间跨度长达十多年之久。从本体勘查到初期修缮设计方案形成，再到正式修缮施工，直至最后完工，期间出现许多技术难题，但都得以妥善处理和解决。

此次修缮工程中所运用的工艺及技术对后期其他建筑修缮提供了指导和参考，这些经验对团队而言弥足珍贵。

右［图2］
修缮后
瑞光塔全貌

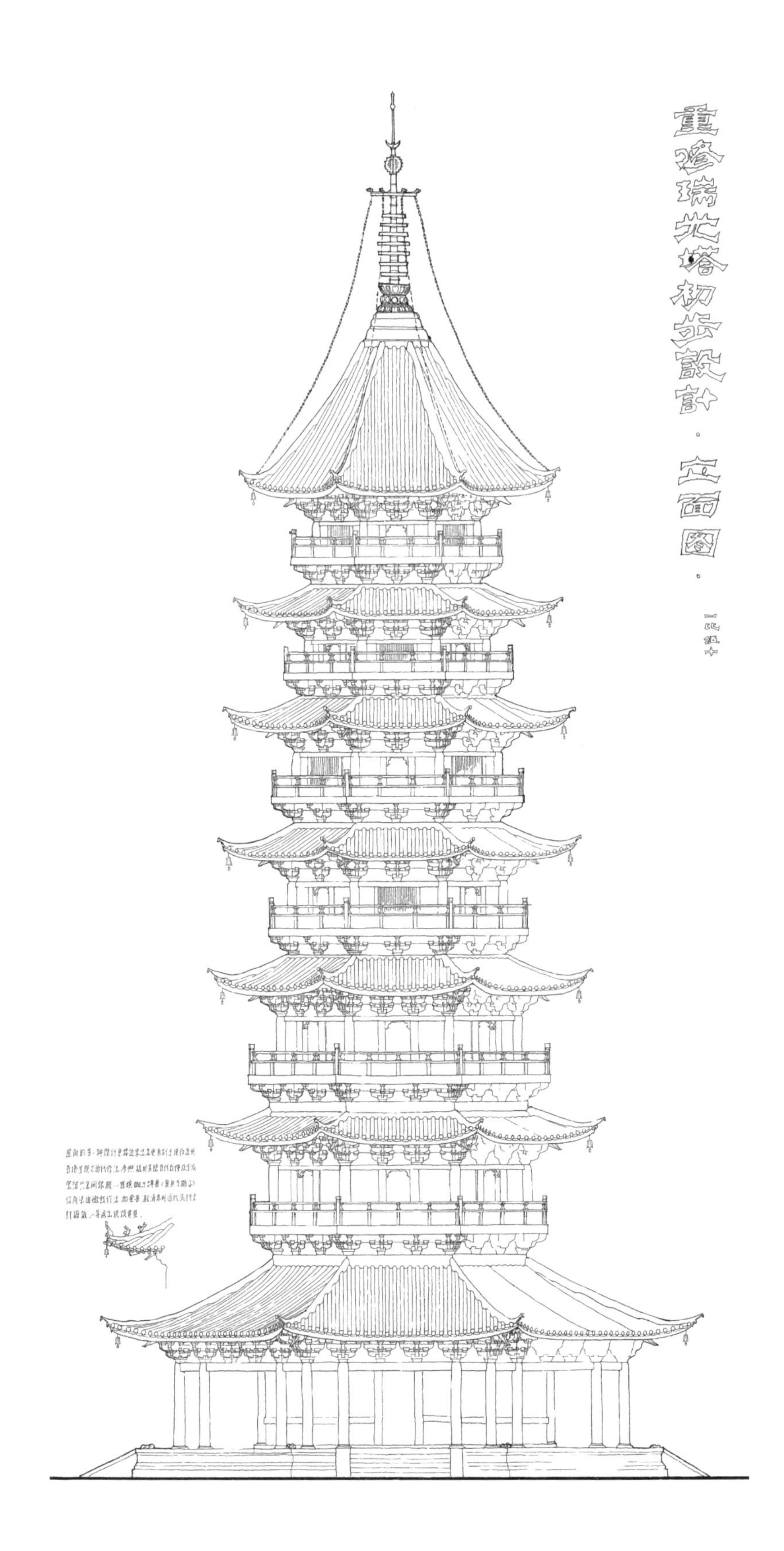

［图3］
修缮后
瑞光塔立面
1985年手绘图纸
朱光亚［绘］

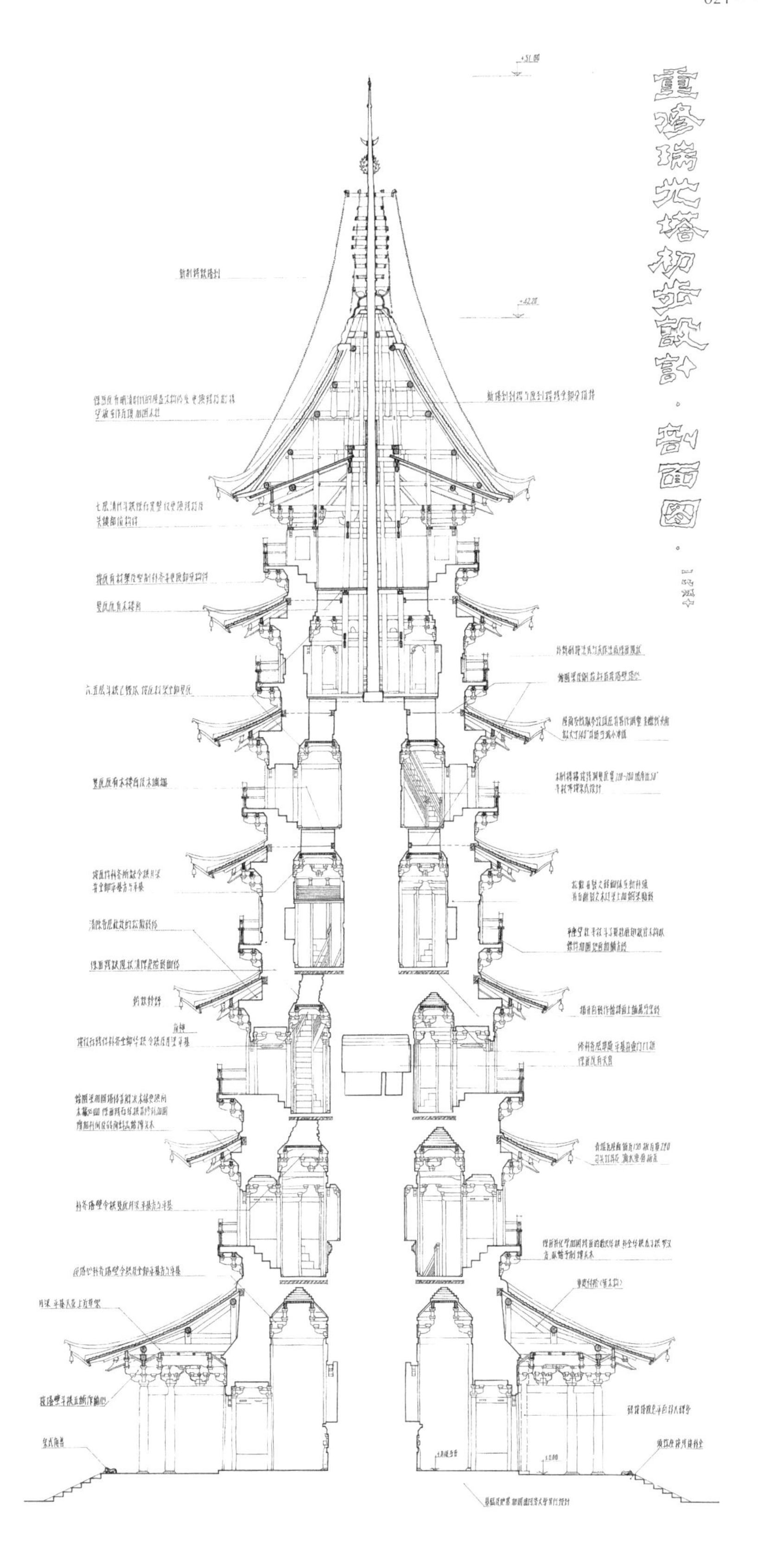

［图 4］
修缮后
瑞光塔剖面
1985 年手绘图纸
朱光亚 [绘]

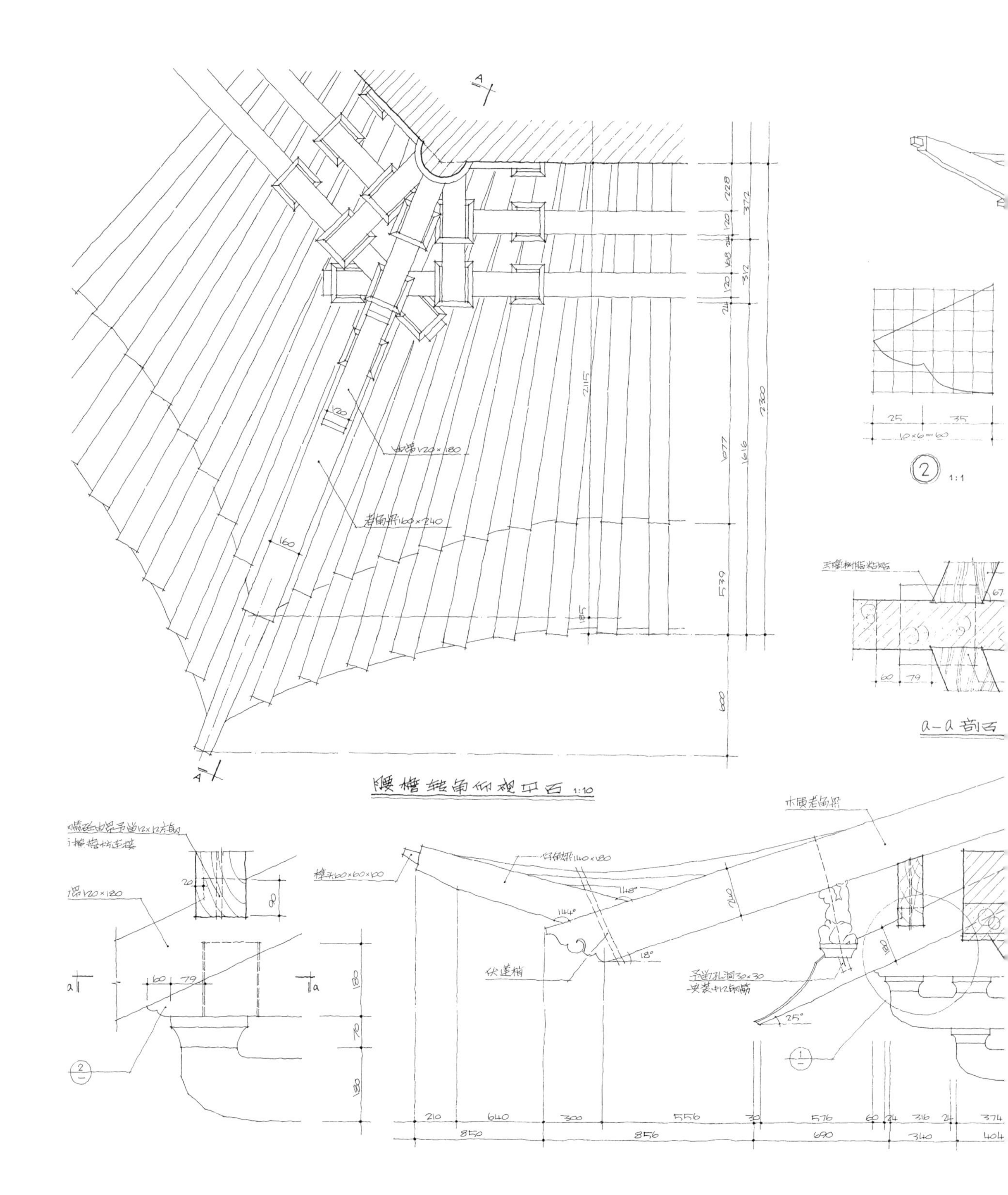

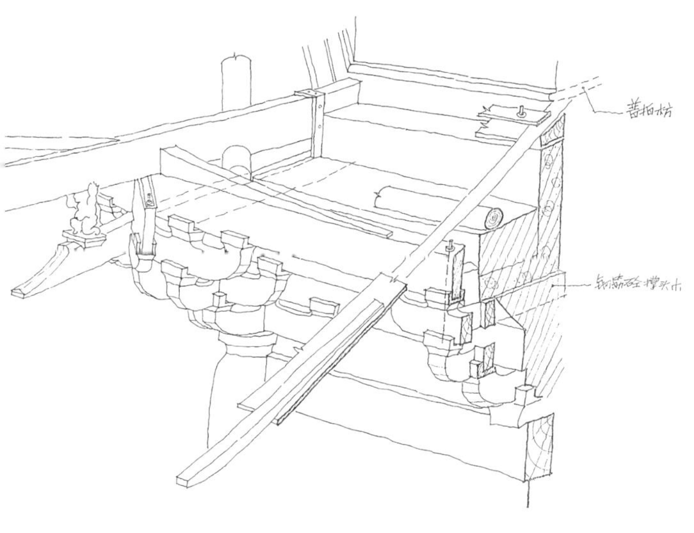

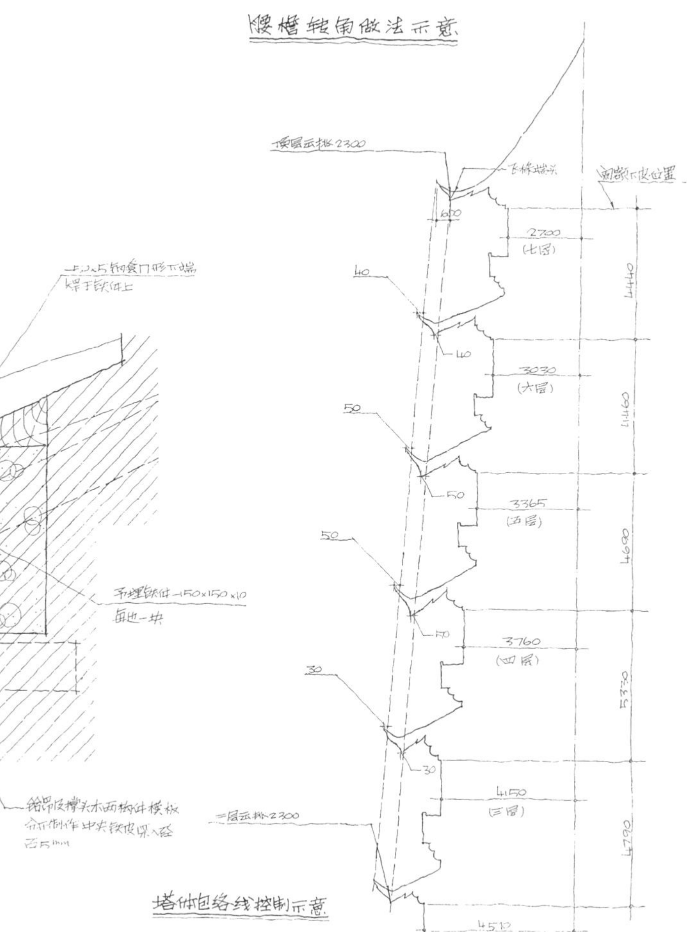

左［图5］
修缮后
腰檐构造详解
1986 年手绘图纸
朱光亚［绘］

右［图6］
修缮后
腰檐局部特写
朱光亚［绘］

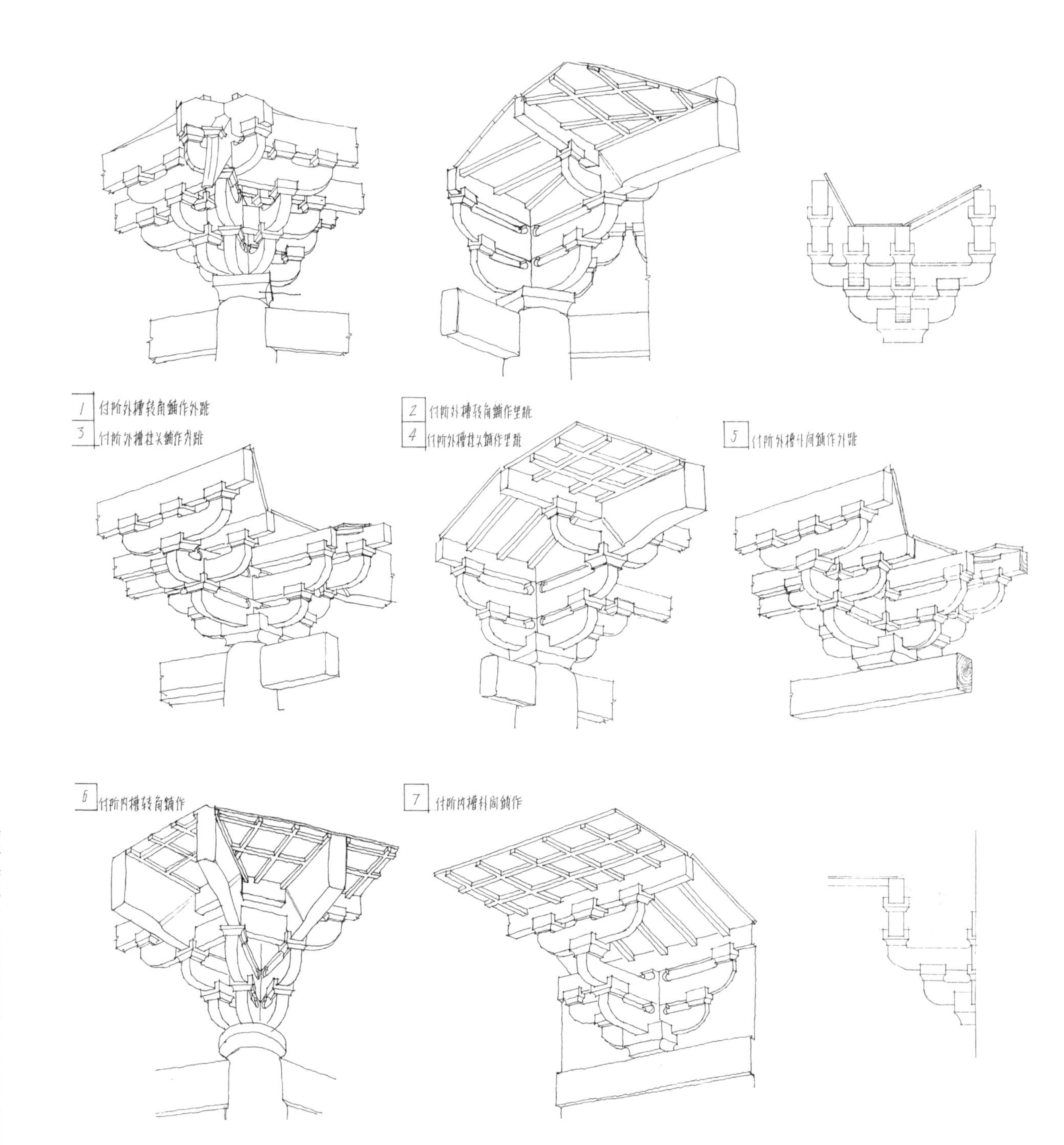
1 付阶外槽转角鋪作外跳
3 付阶外槽柱头鋪作外跳
2 付阶外槽转角鋪作里跳
4 付阶外槽柱头鋪作里跳
5 付阶外槽补间鋪作外跳
6 付阶内槽转角鋪作
7 付阶内槽补间鋪作

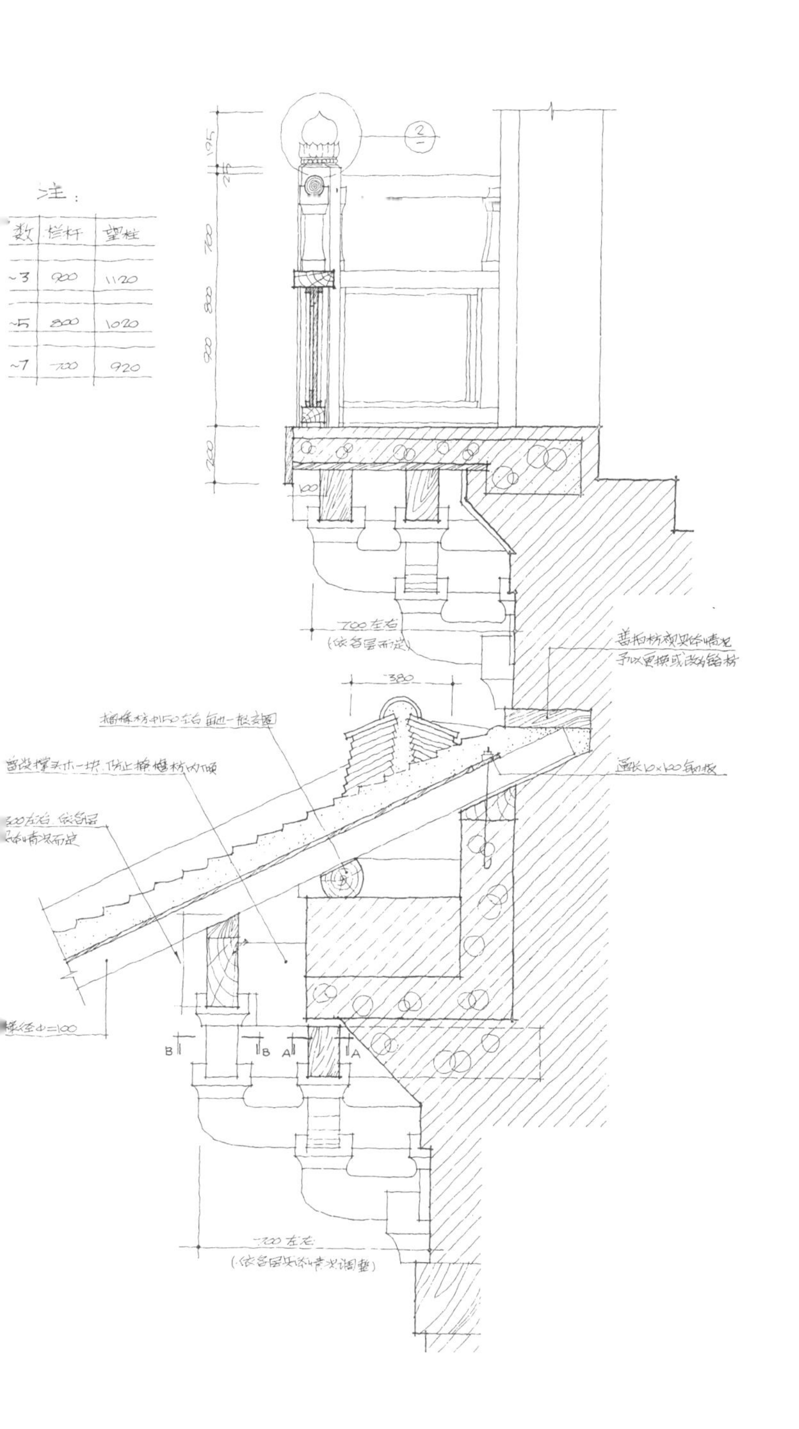

左 [图 7]
修缮后
斗拱构造详解
1986 年手绘图纸
朱光亚 [绘]

中 [图 8]
修缮后
平座及腰檐剖面
1986 年手绘图纸
朱光亚 [绘]

下 [图 9]
修缮后
斗拱局部特写

［图 10］
瑞光塔
及塔院全貌

1394

A.D.

始建年代 | Earliest Build Time

2005

A.D.

修缮时间 | Design Time

2012

A.D.

完成时间 | Completion Time

3 210

m^2

建成面积 | Construction Area

设计团队

东南大学
苏州市文物古建筑工程有限公司

项目地点

中国 - 深圳

项目标签

深圳 - 大鹏

项目业主

深圳大鹏古城博物馆

项目内容

勘察

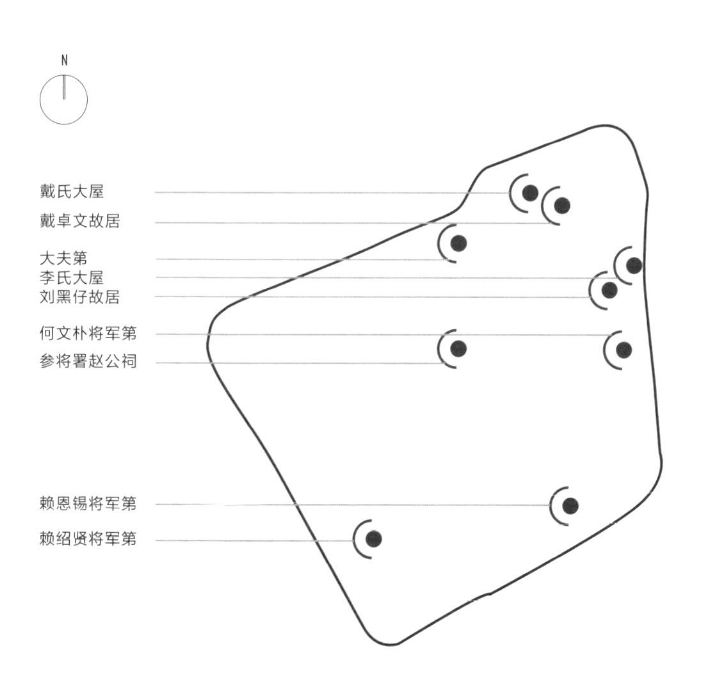

府邸振威

03
深圳大鹏所城保护修缮设计

03

Shenzhen Dapeng Ancient City Conservation & Renovation Design

深圳大鹏所城保护修缮设计

Earliest Build Time

2005 A.D.

Design Time

Completion Time

建筑面积 | Construction Area

全国重点文物保护单位
大鹏所城
中华人民共和国国务院
深圳市人民政府立
大鹏所城总导览
Dapeng Fortress Guide Map

大鹏所城位于广东省深圳市东部大鹏半岛中部，北纬22.5°，东经114.5°。所城背靠排牙山，东有龙头山，隔海与七娘山（古称大鹏山）相望，南临大亚湾龙岐海澳。大鹏所城全称“大鹏守御千户所城”，建于明洪武二十七年（1394年），时隶属南海卫。

大鹏所城在明清两代抗击葡萄牙入侵者、倭寇和英殖民主义者的斗争中起到重要作用，是岭南重要的海防军事要塞，是我国目前保存较完整的明清海防军事城堡之一。

1995年，被定为“深圳市爱国主义教育基地”。

2001年6月25日，被国务院公布为“全国重点文物保护单位”。

2003年10月8日，大鹏所城所在的鹏城村被建设部和国家文物局公布为“中国历史文化名村”。

2004年6月28日，被评为“深圳八景”之首。

2005年，团队受邀对八幢古建筑做测绘和修缮设计。

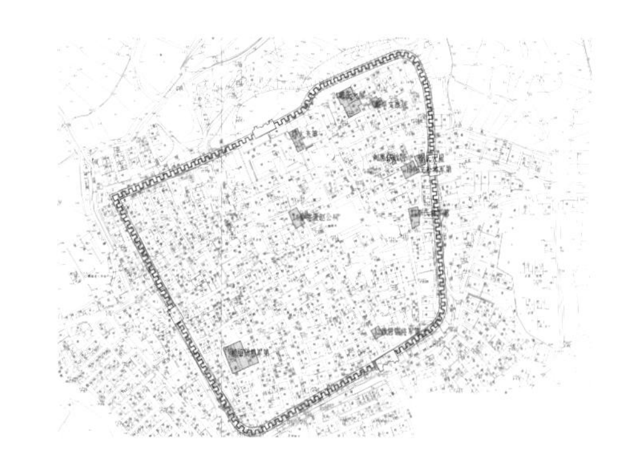

［图1］
大鹏所城总平面

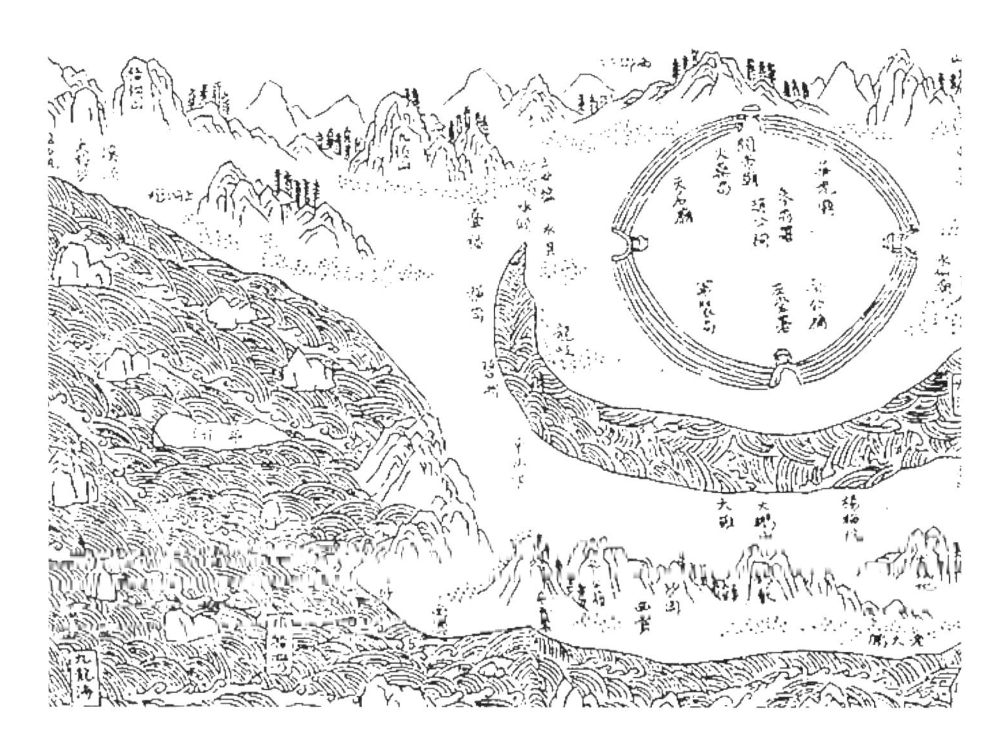

［图2］
大鹏所城图
《新安县志》
清代，嘉庆
舒懋官编

［图3］
大鹏所城鸟瞰

■ 测绘原状：

本次测绘8处建筑(赖恩锡故居\参将署赵公祠\李氏将军第\林仕英大夫第\何文朴将军第\戴氏大屋\刘氏大屋\赖绍贤将军第故居)均在大鹏所城内，是传统风格的民居建筑，也是大鹏所城内重要建筑遗存的一部分。建筑均为岭南地方风格，硬山搁檩，屋面坡度不大。

林仕英大夫第：林仕英，乾隆十八年（1753年）补授大鹏营千总，历升广海守府、澄海都府、海安游府，诰封武翼大夫。府第位于古城东北村，建于清乾隆年间，为二进二开间一天井式建筑，面积约200平方米。门额横匾题刻“大夫第”字样，现其子孙居住其中，有家谱保存。

大鹏所城及城内晚清建筑群代表了特定时期和地区的建筑风格和水平，城墙、城门及大部分古建筑保存完好，是国内现存较少、保存较完整的所城，是能反映明清卫所制度为数不多的重要文物。大鹏所城各建筑单体在建筑结构、材料、构造和工艺上具有明显的地域特征，在建筑史上具有代表意义和科学价值。因建设缺少规划的约束和引导，已引发历史格局和风貌破坏、环境形态紊乱的问题。现状古城民居绝大多数作为出租房使用，各项居住指标如采光、通风、上下水、卫生条件均较差。此项设计为今后大鹏所城内民居建筑的改造及修缮提供方案约束及技术引导。

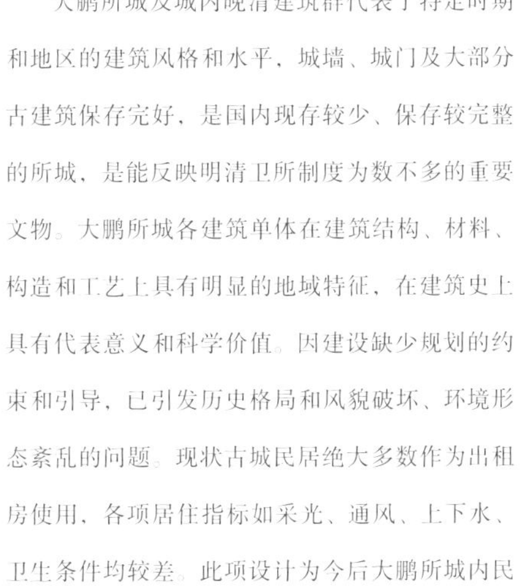

［图4］
修缮前
林仕英大夫第原状

［图5］
修缮前
现状测绘
林仕英大夫第立面

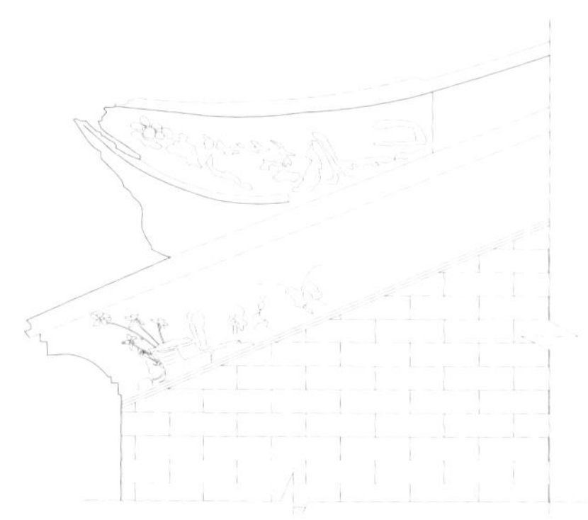

［图6-7］
修缮前
现状测绘
垂脊、博风纹样详图

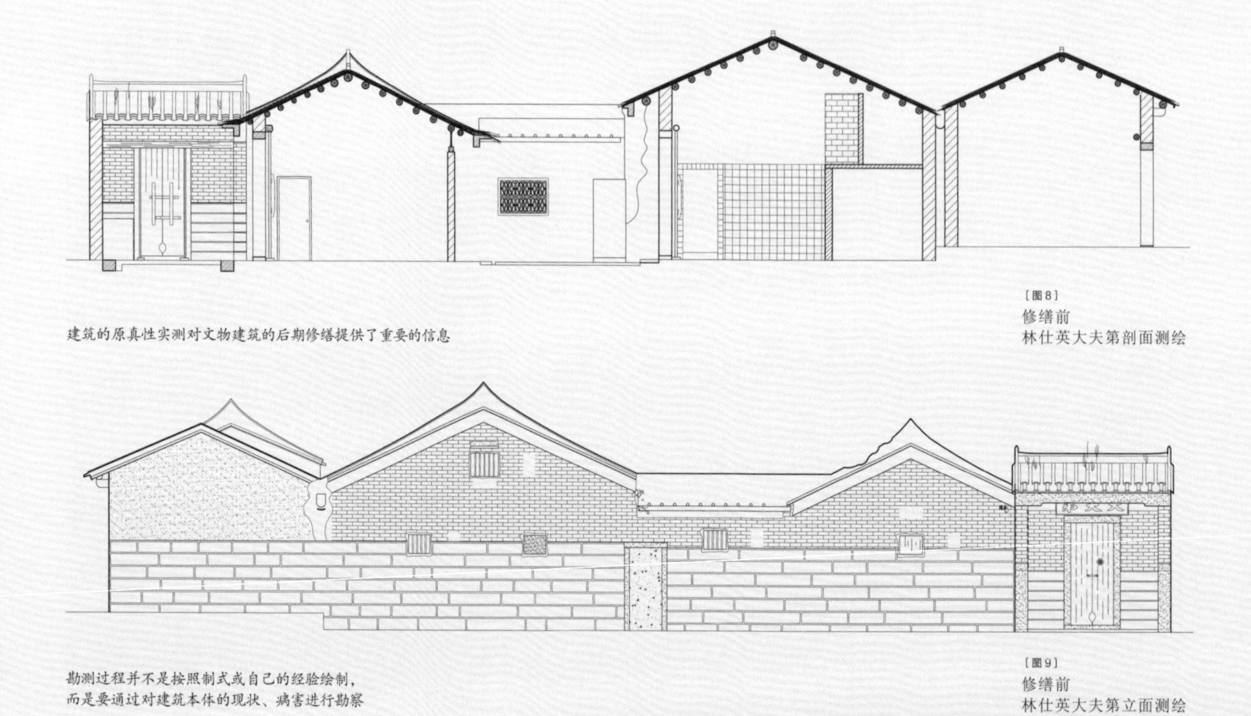

［图8］
修缮前
林仕英大夫第剖面测绘

建筑的原真性实测对文物建筑的后期修缮提供了重要的信息

［图9］
修缮前
林仕英大夫第立面测绘

勘测过程并不是按照制式或自己的经验绘制，
而是要通过对建筑本体的现状、病害进行勘察

［图 10］
修缮后
封檐板纹样详图

时间更迭，原有的纹样已残破不全，或模糊不清，通过对同地域、同类型建筑的横向比对参照，对纹样进行局部复原，全过程堪比绣花

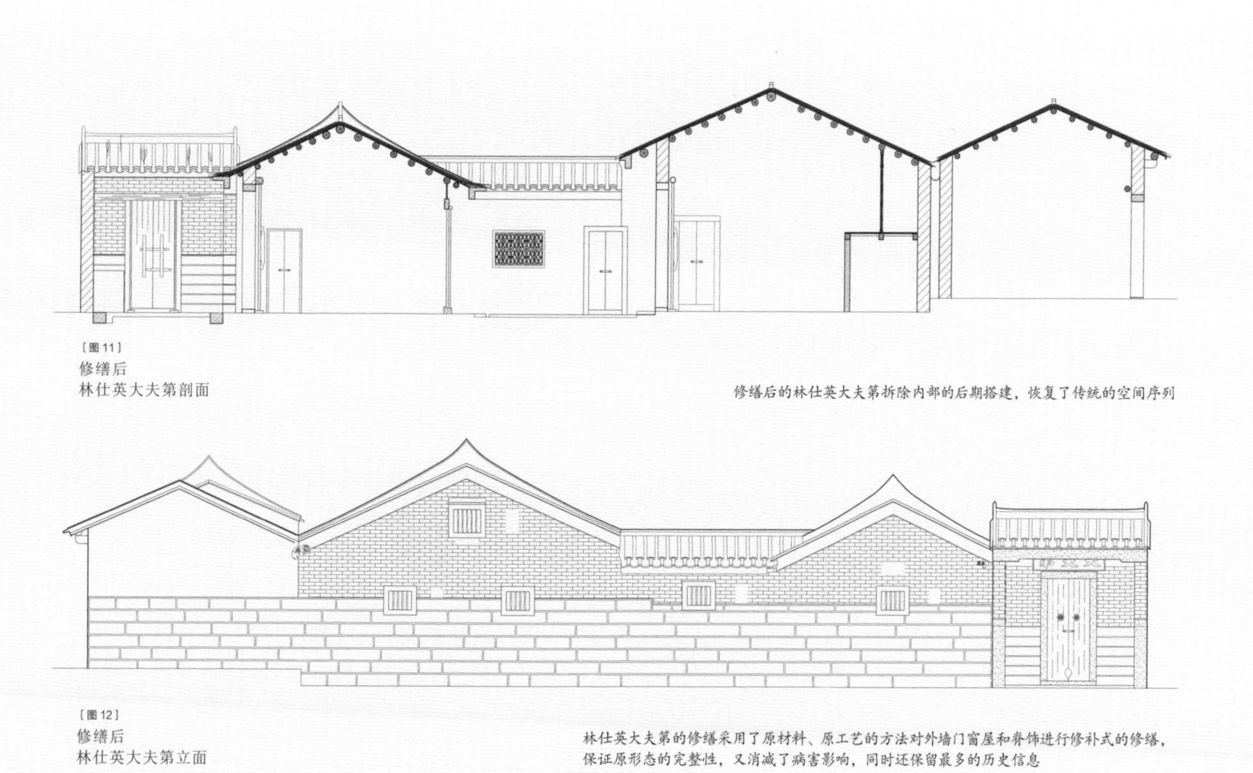

［图 11］
修缮后
林仕英大夫第剖面

修缮后的林仕英大夫第拆除内部的后期搭建，恢复了传统的空间序列

［图 12］
修缮后
林仕英大夫第立面

林仕英大夫第的修缮采用了原材料、原工艺的方法对外墙门窗屋和脊饰进行修补式的修缮，保证原形态的完整性，又消减了病害影响，同时还保留最多的历史信息

赖绍贤将军第故居：赖绍贤为赖恩爵将军之长子。该将军第位于西门内，规模仅次于赖恩爵振威将军第。占地面积1500平方米，有大小房间35间。为清道光年间四合院建筑群。门首横额楷书“将军第”。檐板、梁枋、墙壁上饰以金木雕刻，并绘以花鸟书法等。

装饰主要在檐口、垛头、博风位置，檐口、檐板上普遍有以花卉图案为主的木浮雕，垛头及博风位置用以山水风景、花卉为主的墨画略加颜色装饰。正脊有砖砌灰塑博古纹和船形脊头，山墙处有垂脊，正脊处做“尖锐飞刀带顶”。由于年久失修，普遍较为残破，后期搭建改造处也很多，但总体建筑自身安全尚无问题。

［图13］
修缮前
将军第
原状

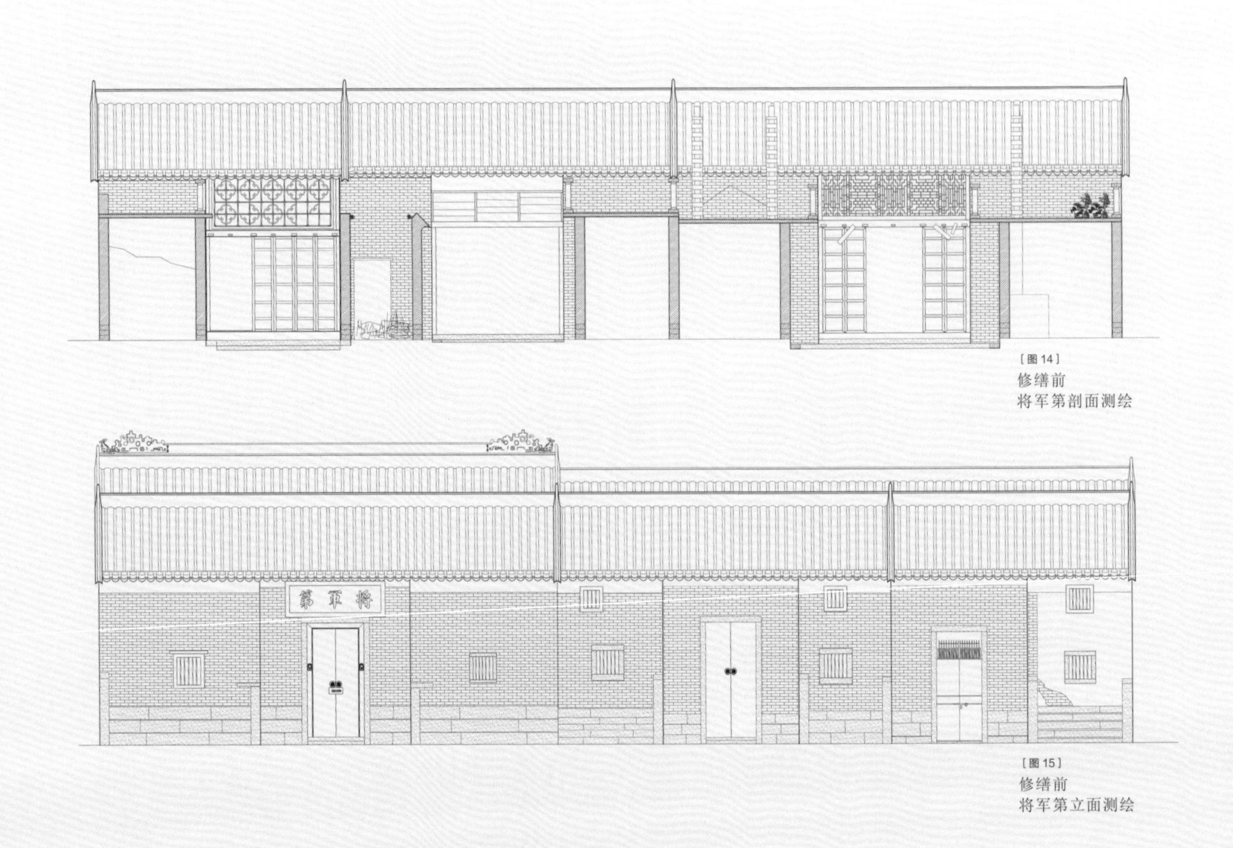

［图14］
修缮前
将军第剖面测绘

［图15］
修缮前
将军第立面测绘

［图 16］
修缮后
夹堂板纹样详图

［图 17］
修缮后
琉璃窗花纹样详图

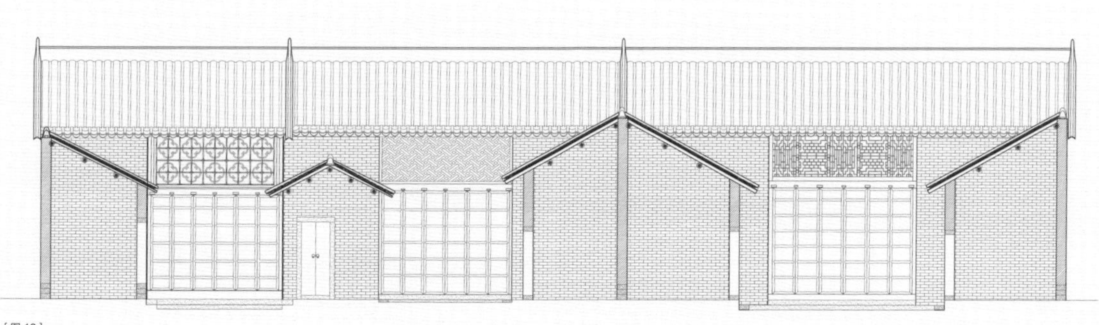

［图 18］
修缮后
将军第剖面

［图 19］
修缮后
将军第立面

1903
A.D

始建年代 | Earliest Build Time

2012
A.D.

修缮时间 | Design Time

2015
A.D.

完成时间 | Completion Time

1 620
m^2

建成面积 | Construction Area

设计团队
苏州市文物古建筑工程有限公司

项目地点
中国－江西

项目标签
景德镇－天主教堂

项目业主
景德镇市古镇投资管理有限公司

项目内容
建筑修缮－环境整治

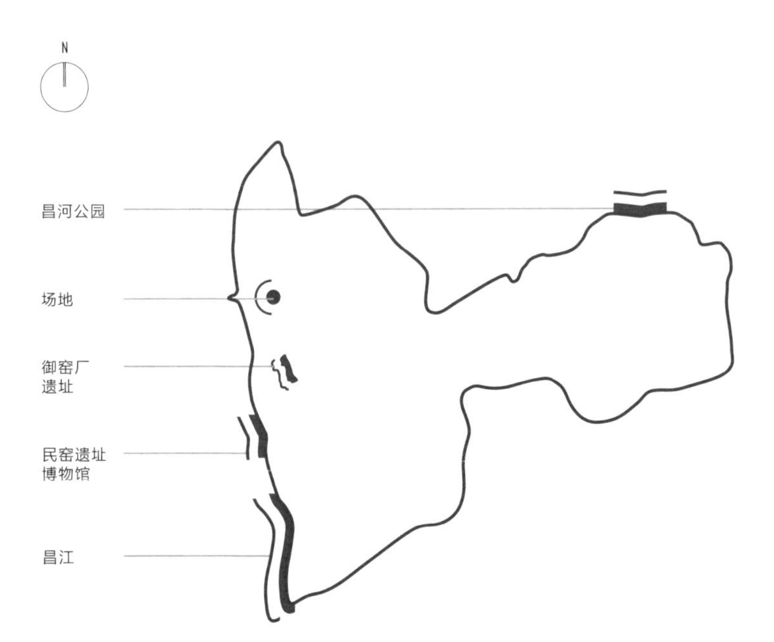

东风西韵

04
景德镇天主教堂保护修缮

04

Jingdezhen Catholic Church Conservation & Renovation Design

景德镇天主教堂保护修缮

清光绪二十九年
始建年代 | Earliest Build Time

2012 A.D.
修缮时间 | Design Time

2015 A.D.
完成时间 | Completion Time

1 620 m²
建成面积 | Construction Area

［图1］
修缮后
大经堂庭院视角

景德镇天主教堂位于江西省景德镇市珠山区石狮埠街道风景路社区中华北路301–305号，该教堂官厅及北侧大经堂等区域是景德镇最早的教堂所在地，且现存的建筑具有哥特复兴时期的建筑特色。现存建筑分为两部分，即安多尼大经堂和神父官厅。于2005年7月14日被公布为景德镇市第二批市级文物保护单位。

2012年7月受景德镇市古镇投资管理有限公司委托，对天主教堂区域进行保护修缮设计。

经过对现存建筑及周边环境的仔细勘察测绘，对现场数据的认真采集分析，对相关历史资料详细查阅考证，最终形成该项目的保护修缮设计方案。

本设计意在修缮合院式建筑神父官厅，修复安多尼大经堂，增加必要的基础设施建设，整治教堂官厅区域与大经堂区域环境，使修缮后的教堂完整统一，便于开展宗教活动，为正常的宗教活动提供安全保障。

教堂分为两个区域，即神父官厅区域与安多尼大经堂区域。安多尼大经堂为常见的天主教堂建筑形式，砖木结构，入口钟楼，后为宣室，外立面置高拱尖窗，雕刻纹饰。建筑分布面积约1021平方米，坐东朝西，三层砖石结构，建筑占地面积487.2平方米。正立面有红砂岩拱形、圆形门窗。墙边角以红砂岩砌筑，墙体以清水青砖砌筑；其他三面墙粉白灰，原拱形窗改为平开推窗，屋面为冷摊小青瓦；内部在新中国成立后改造成三层宿舍楼；进门处南北墙上各嵌有青石碑刻一块，记载了1906年建教堂时的捐款人名及捐款数额。

神父官厅为四合院式建筑，是外籍神父办公和居住地，1952年外籍神父回国后为政府接收，曾为景德镇陶瓷馆筹备处。

建筑坐北朝南，回字形布局，总建筑面积为871平方米。前厅为二层双坡顶建筑，设有檐廊，东侧墙外设有楼梯；后厅及厢房均为一层双坡顶。外墙刷白，内墙多为青砖墙面，柱础和柱头有浮雕纹饰；檐柱柱础印有法文“JUIN1903”“EONX1125”字样，即为1903年6月兴建。

［图2］
大经堂
揭顶修缮

［图3］
大经堂塔楼
复建过程

附注：

图2：大经堂在早期被政府改造为公租房改造分上下三层，住户有40多户，后又经住户私搭乱建，内部空间逼仄，环境极差，结构消防安全极大，经考证，设计拆除所有后期搭建还原空间

图3：经历史考证及现状建筑的相关痕迹，通过可靠严谨的判断甄别，恢复双塔楼形式的哥特式建筑风貌（原结构形式），保证了历史建筑完整性

［图4］
修缮前大经堂门窗细部详图测绘

红砂岩高拱尖窗形式特殊，是当时中西文化交融的产物，在传统西洋的形式上又叠加了中国形式，材料选择也颇为讲究，采用中国并不多见的红砂岩，当时极有可能是从印度采购而得

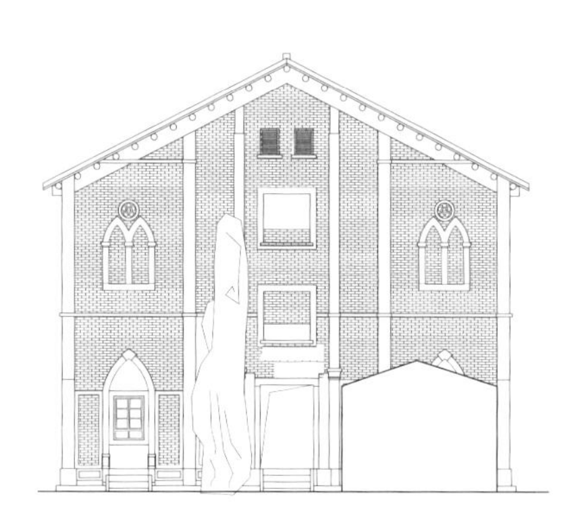

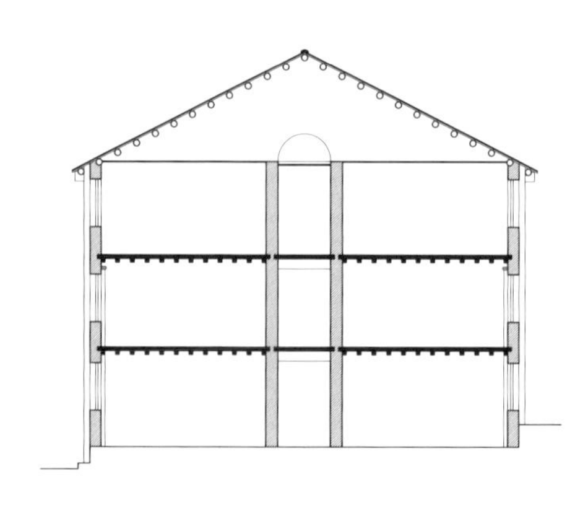

［图5-6］
修缮前
大经堂
正立面、剖面测绘

■ 安多尼大经堂

大经堂南立面多处出现霉斑，粉刷层多处剥落，门洞窗洞均被改动，电线乱拉乱接现象严重，存在一定安全隐患，但墙体本身保存尚好。

大经堂北立面粉刷层多处剥落，因屋面漏水严重，墙体多处出现青苔、霉斑。窗洞多被封堵、改动，墙体局部出现裂缝，墙体杂草杂树较多，空调外机及其他构件均对墙体破坏较大。

大经堂西立面为临街正立面，部分门洞、窗洞已被封堵或改动，落水管破裂，墙面青苔霉斑较多，另有较大杂树长于墙体上，其根系对墙体破坏较为严重。

由于大经堂的历史资料较少，在设计时根据当地老人回忆及建筑本身存留特征，恢复的两塔形钟楼具体尺度是在勘测基础后确定的。

[图7]
修缮后
大经堂塔楼

［图8］
修缮后大经堂正立面
大经堂正立面山面仍然保持着典型的哥特式建筑风貌，双塔楼、尖拱门，尖拱窗、玫瑰窗等面面俱到，强化展示建筑性质

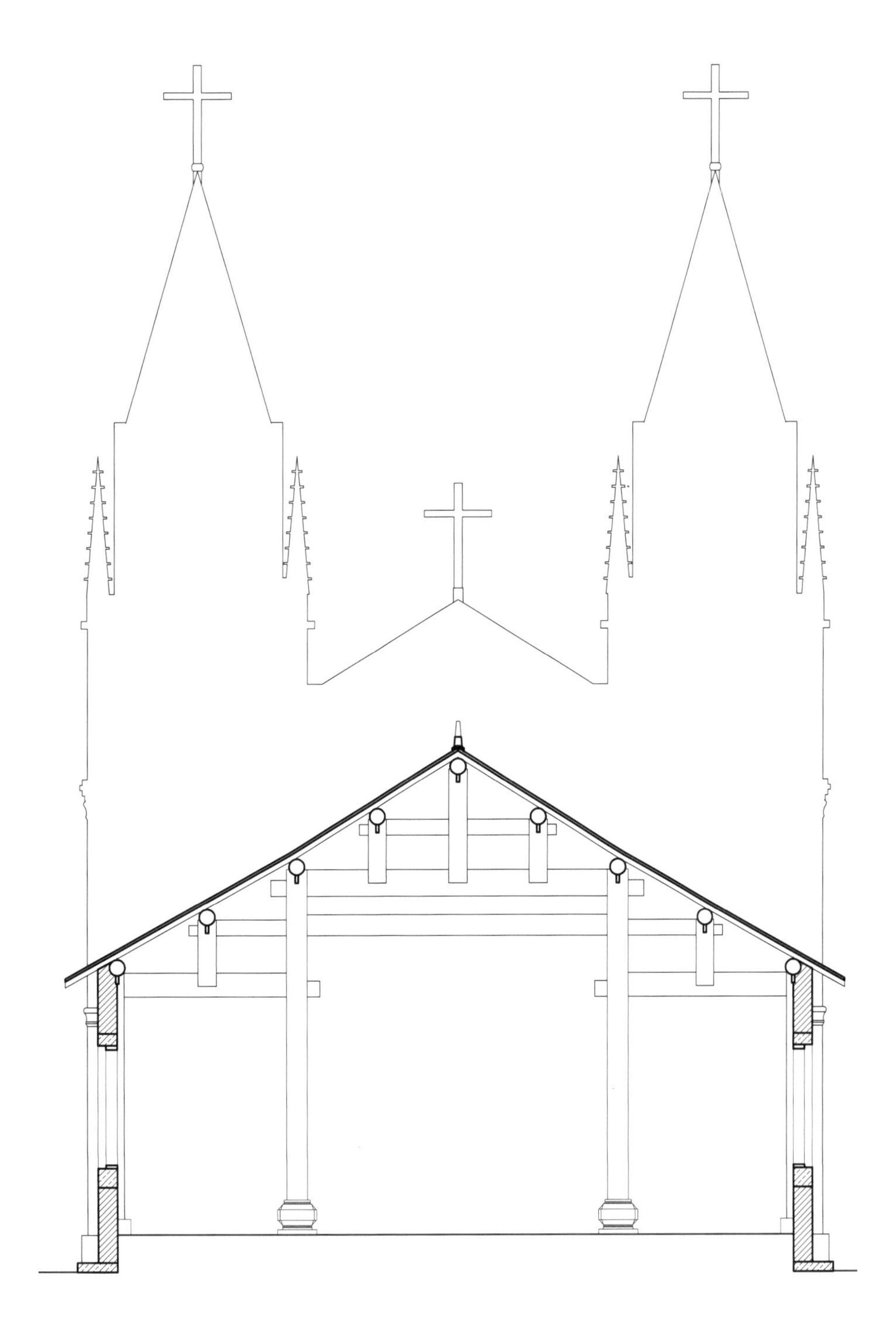

[图9]
修缮后大经堂剖面

大经堂虽然在山面强调了建筑的特别性质，但在使用功能的空间上采用了更方便建造、结构更合理的中国传统形式和材料，抬梁式的木结构，使内部空间更大，更易使用

安多尼大经堂修缮内容

钟楼： 根据有关历史资料恢复钟楼。

基础： 加固主入口塔楼覆盖范围地基。

踏步： 归置安装原条石踏步。

室内地面： 铲除水泥、釉面砖地面，原规格红砂岩重新铺地。

外地面： 调整室内外地面高差，去除高出室内地面及挤压墙体的土石。

墙体： 拆除后加隔墙，对外墙清水墙面进行清洗并补灰；挖补酥碱青砖，拆除后期标准砖砌筑墙面，原规格、原材质、原工艺重新砌筑。

柱网： 依现存建筑残柱及空间尺度要求，恢复建筑原有平面柱网。

木构架： 拆除后做屋顶木构架，恢复穿斗式木屋架形式。

屋面： 拆除后做小青瓦屋面，新作镀锌铁皮波形屋面；要求选材工艺等均符合相关技术标准及操作规范。

门窗： 拆除后开门洞、窗洞，保留原高拱窗、尖形拱门，部分依现存形式恢复；高拱窗均内嵌进口彩色玻璃。

装饰： 外立面起线、线脚形式依现存状况进行选择性恢复。

室内抹灰： 铲除室内墙面抹灰并清理；纸筋灰重新粉刷。

漆： 修整清理木构件，按原色彩重做油漆。

神父官厅修缮内容

基础： 检查基础情况，加固不均匀沉降基础。

地面： 拆除木地板，铲除抛光砖、水泥地面，按原规格原工艺铺设石板地面。

墙面： 铲除原有脱壳、龟裂的粉刷层，重新粉刷抹平修补墙体裂缝。铲除入口两侧墙面瓷砖。

木柱、鼓磴： 清洗鼓磴使之露出原有红砂岩色泽，修整木柱按原色彩重做油漆。

木门、窗： 修整木门、窗，清洗表面油漆，配齐缺失玻璃，按原色彩重做油漆。

木栏杆： 修整木栏杆配齐缺失木构件，清洗表面油漆，按原色彩重做油漆。

二层木地板： 加固旧有木格栅，原地板拆除后重新整理铺设。

梁架、桁条： 挠度大于20%，开裂大于1厘米，糟朽大于其本身1/4的予以更换。其余清理修整重做油漆。

屋面： 补足更换木椽，替换腐烂糟朽望板，增设防水层，原有石棉瓦更换为黑灰色琉璃筒瓦。

吊顶： 拆除原有塑扣板吊顶并改换为轻钢龙骨吊顶。

线路： 整理所有电线，穿金属管明敷。

门洞： 拆除防盗窗，修补红砂岩石门框。

风口： 疏通排水通气口。

右［图10］
修缮后
大经堂室内

安多尼大经堂后期由一层改为三层宿舍，年久失修，无人管理。一层采光较差，潮湿，地面破损严重，已无原建筑痕迹。急需拆除后塔楼层，恢复原貌。

安多尼大经堂后搭二层楼面，为预制砼板楼面，杂乱无章。各间又铺设不同材质地面。

安多尼大经堂后搭三层楼面，通道拥挤，存在安全隐患，需拆除恢复原貌。

下［图11］
修缮后
大经堂室内

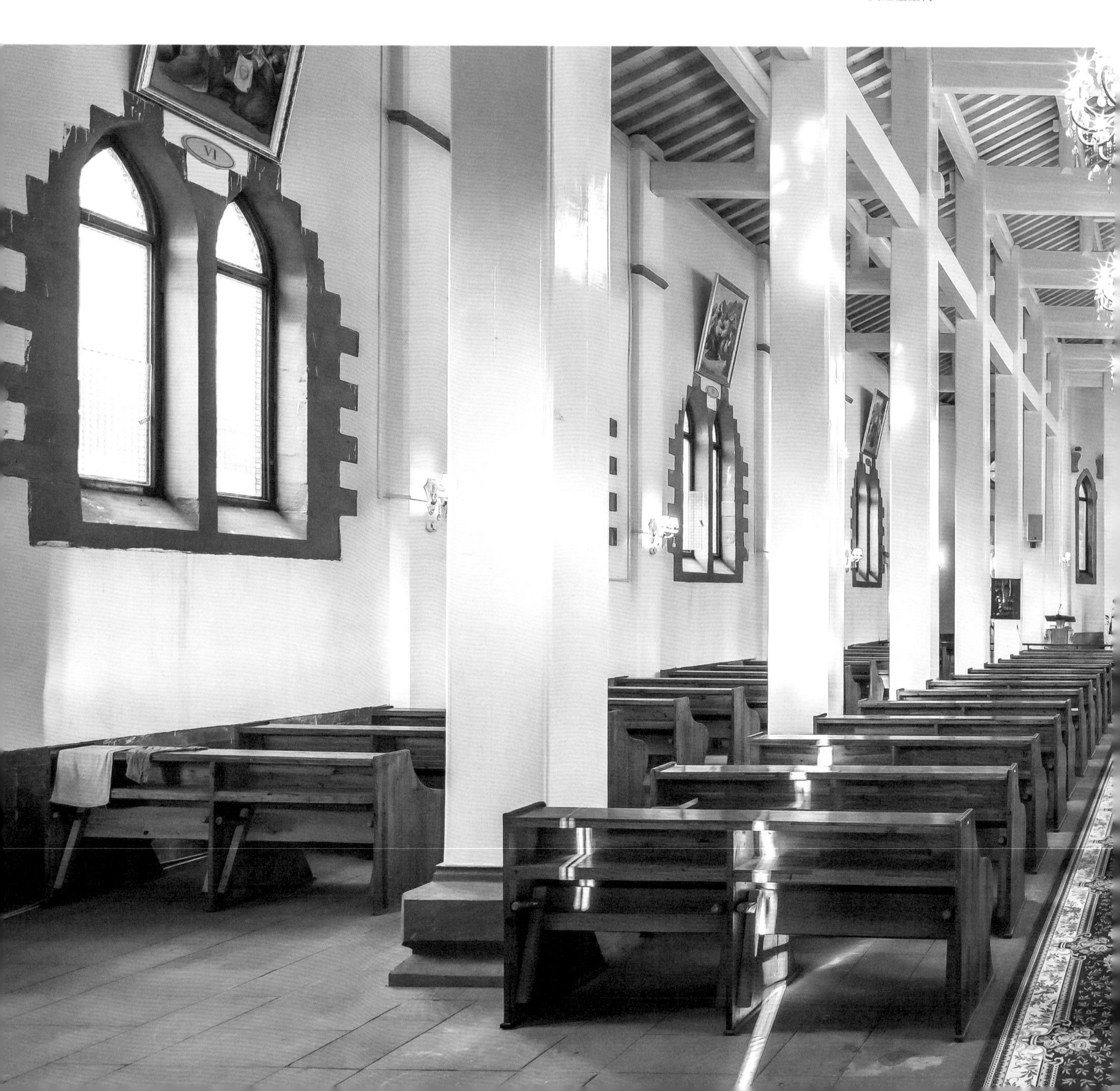

左［图 12］
修缮前
大经堂
室内情况

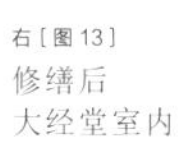

右［图 13］
修缮后
大经堂室内

1828
A.D.

始建年代 | Earliest Build Time

2015
A.D.

设计时间 | Design Time

2019
A.D.

建成时间 | Completion Time

7 138
m^2

建成面积 | Construction Area

设计团队
苏州市文物古建筑工程有限公司

项目地点
中国－惠州

项目标签
惠州市－宾兴馆

项目业主
惠州市代建项目管理局

项目内容
建筑修缮－环境整治－街道外立面整治

文运兴宾

05 宾兴馆保护勘察修缮整治设计

05

Binxing Ancestral Temple Conservation & Rennovation Design
宾兴馆保护勘察修缮整治设计

清道光八年
始建年代 | Earliest Build Time

2015 A.D.
修缮时间 | Design Time

2019 A.D.
完成时间 | Completion Time

7 138 m²
建成面积 | Construction Area

［图1］
修缮后鸟瞰实景

宾兴馆位于广东省惠州市桥西金带街历史文化街区南部，建于清道光八年（1828年），是清代惠州乡绅为资助本地生员参加乡试、会试而建的宾馆，现为广东省重点文物保护单位。其风貌糅合了广府、福佬、客家等多种文化元素，体现了惠州文化开放包容、择善而从的地域特点。

1990年7月23日，被惠州市人民政府公布为惠州市重点文物保护单位。

2015年12月10日，被广东省人民政府公布为第八批广东省文物保护单位。

惠州是广东省首批历史文化名城，自古有“梁化旧邦、岭东雄郡”之美誉。惠州的文化教育源流同样是一幅绵延千年的历史长卷。千百年来，惠州贤人志士辈出，相望若林。他们的出现，离不开古代崇文厚德的教育制度。惠州古代文化教育由于各种原因，直至清嘉庆初年之后才恢复生机。为了鼓励家乡子弟科举进取，清道光六年（1826年）乡绅黄锡圭等倡建宾兴馆，归善各乡绅共捐出银6000余两，“买得塘尾街馆第一所”，得惠州知府达林泰和归善县令于学质的支持，历时两年，于道光八年（1828年）11月建成该馆。馆内供奉文武二帝，左建魁星阁，奉立魁斗星君；前面案山；右有榜岭耸峙。彰显了振兴文运的风水格局，寄寓了人们欲令乡邦“文风振而士气神”的愿望。

每逢乡试，宾兴馆便从租金收入中提取“宾兴费”200两银均分给府、县两学参加乡试的生员以作路费。那年头乡间生员、举人要赴省城、京城赶考，经常遇到路途遥远、交通不便且路费不足的窘境，虽然官府有“公车费”，但经济条件不好的学子仍不免捉襟见肘，而宾兴馆的资助无疑成为“公车费”的补充。如遇到京城会试，每个举人可获得50两银的路费资助。“宾兴”者，科举考试资助也。宾兴馆就是在这样的背景下建造起来的。宾兴馆接济贫穷学生参加科考，是清政府“宾兴费”和“公车费”的补充，作为科举制的“副产品”，了解科举制度难得的历史资料。馆中的《宾兴馆碑记》镌刻着当年修建宾兴馆的缘由以及捐银乡绅的芳名。

宾兴馆存有《宾兴馆条约》作为馆规，用以“约束生员，晓谕诸生”，凡违规者将被“扣除科费”，其中包括“降逆父母、欺凌兄长者”；“抗粮不纳顽然化外者”；“为非作恶，甚而拜盟结党大逆……自犯此法及隐忍不守者”；“把持衙门、蔑视官长者”；“唆讼、包讼者”；“私肥入己、私做人情者”等8条。除此之外，条约还规定对捐银建馆者有奖，奖额多少视捐款多少及考取功名大小而定。

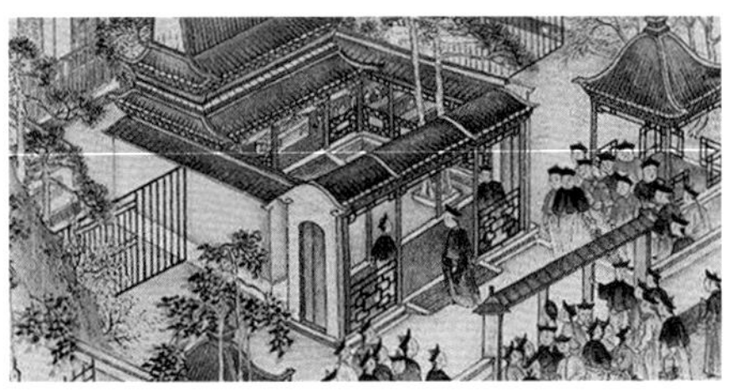

［图2］
清代科举考场

[图3]
建筑测绘总平面

[图4]
宾兴馆历史时期
平面示意

附注：

图3：勘测过程复杂难解，边界的确认模棱两可，历史信息、权属关系、现状情况等多头信息交织重叠，最终在长达60天的勘测过程中暂时确定了平面

图4：经历了多次勘察和判断及专家会议，结合相关史料，最终恢复了宾兴馆各时期的平面和功能

［图5］
修缮后
宾兴馆
鸟瞰效果

宾兴馆坐北朝南，采用惠州当地传统建筑布局，是一座通阔五间、通深三进、两侧横屋东西相向的清代建筑群。其建筑结构严谨，内部构件精美。现存建筑占地面积1104.3平方米，现局部两层，总建筑面积约1731.3平方米 。与宾兴馆一墙之隔的西面为商贾云集的丽日购物广场（西湖店），南面门前10余米则是车水马龙的塘尾街，东面为“惠城九街十八巷”之一的金带街，北面为金带南街一巷。

嘉庆、道光年间广东宾兴开始兴盛，逐渐出现规模较大、有组织章程并相对独立的宾兴组织。（注：宾兴组织是乡绅集资，用于资助士子参加乡会试的一种组织）它们或是官绅合办，或是乡绅自创，通过官府公项、乡绅捐输、官员个人捐资及派捐等形式聚集大量经费，然后借举办宾兴典礼或兴建文昌庙之机得以成立。宾兴组织主要以资助士子乡会试路费、科举的券资及奖励花红为宗旨。乡绅既是宾兴组织的倡议者、经费募集人，

［图6］
修缮前
宾兴馆
鸟瞰原状

也是宾兴组织的实际管理者。（摘自黄素娟《从捐资助考到地方公共事务的参与——清中期至民国广东宾兴组织研究》）

据记载，宾兴馆建于清道光六年至八年（1827–1828年），正处于宾兴事业的兴盛期。因此，宾兴馆中轴线上主体建筑均建于这一时期，平面完整，布局规整，均为清水砖墙、墙面做有灰塑及雕花；屋脊为博古脊，做法考究，垂脊做有脊兽；建筑恢宏，用材较大，斗拱及月梁雕刻极其精美。表现了清代当地建筑的典型特征，具有极高的历史及艺术价值。

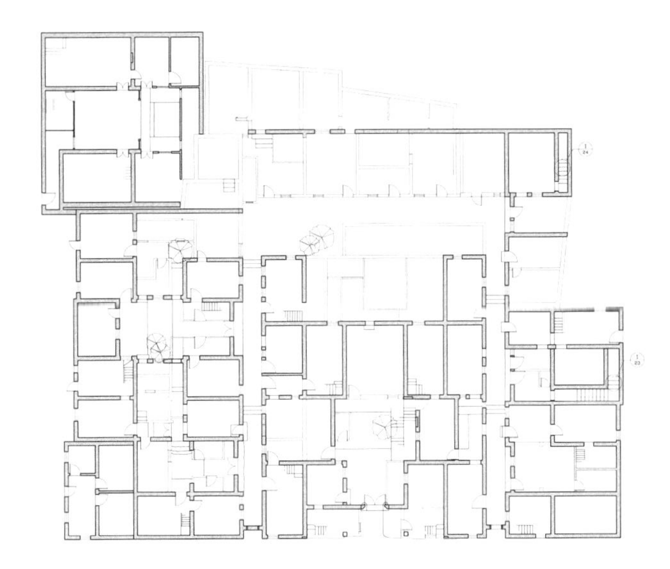

［图7］
修缮前
宾兴馆
测绘平面

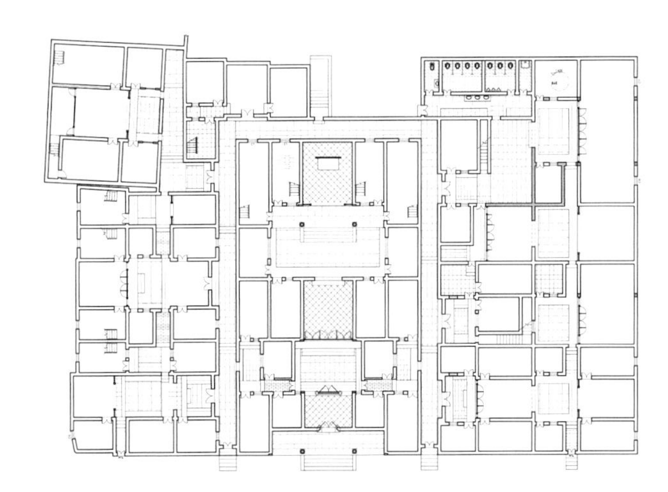

［图8］
最终方案平面

宾兴馆主体建筑分为中轴线建筑及厢房、东侧横屋、西侧横屋三部分，中轴线建筑和两侧横屋以备弄分隔。中轴线第一进建筑面阔五间，总宽16.1米，总进深5.08米，建筑及左右厢房后期搭建改建痕迹明显。第二进建筑面阔五间，总宽16.1米，总进深5.08米。宾兴馆第三进遭日机炸毁，第三进东西两侧建筑局部坍塌，后期改动较大，局部为20世纪五六十年代搭建。

现存东侧横屋建筑占地面积230.4平方米，建筑面积346.4平方米。东侧横屋建筑后期改动较大，局部为后期改建，总体布局不完整，东侧横屋第二进可能后期坍塌，现为搭建的杂乱民居。现存西侧横屋建筑共两进，占地面积251.9平方米，建筑面积445.4平方米，后期搭建建筑占地面积83.79平方米，局部两层。西侧横屋中间五开间基本完整，南北两侧后期改建较大。

［图 9］
修缮前
宾兴馆
正立面及檐口详图测绘

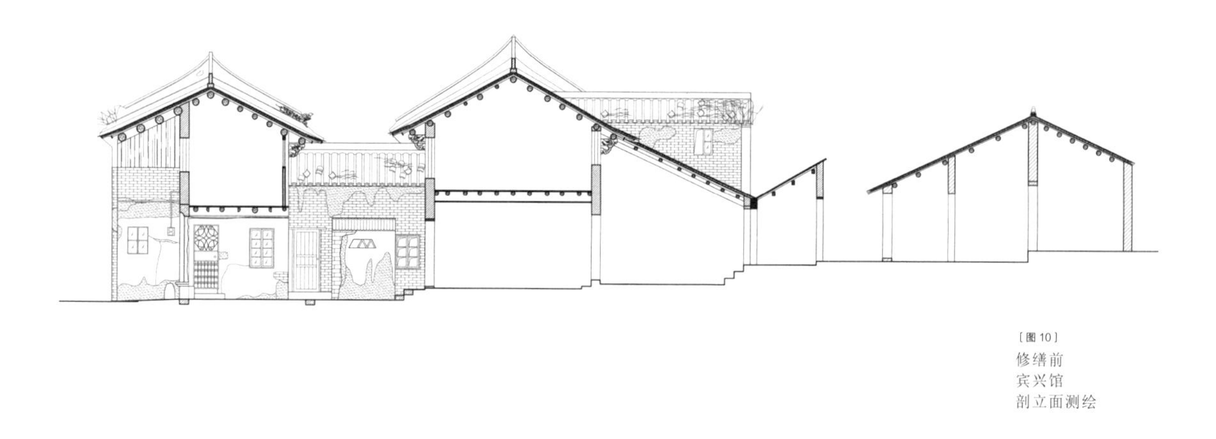

［图 10］
修缮前
宾兴馆
剖立面测绘

附注：

图 9：病害及现状的勘测对后期的修缮极其重要，第一手资料的真实性决定了对其本身的价值评估和修缮策略的准确性，只有通过有经验的细致的观察测量才能得到

图 10：修缮前的勘测图真实的表达了建筑本体的现状，后期的改建已严重破坏了建筑原有的空间特性

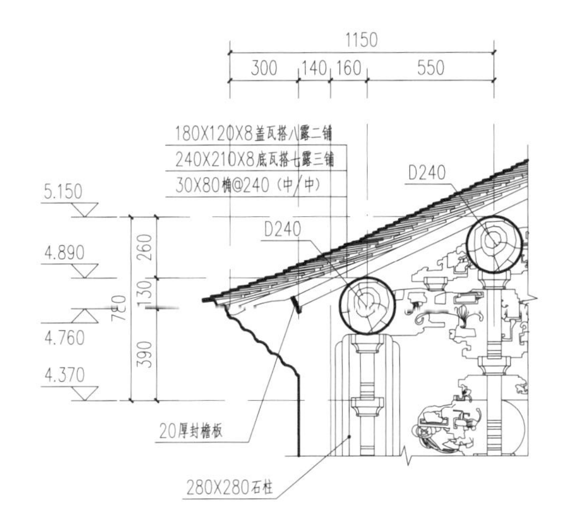

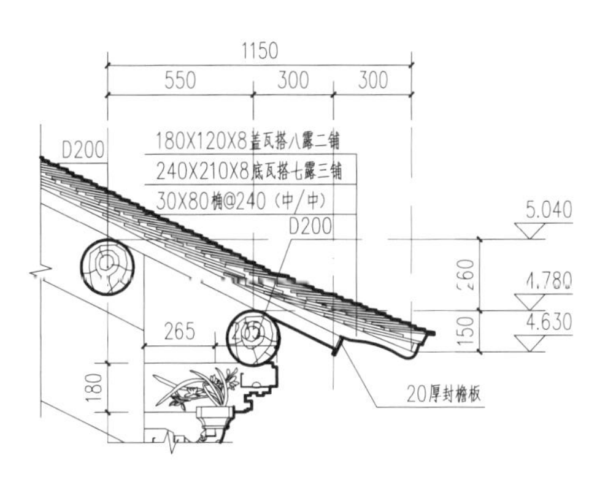

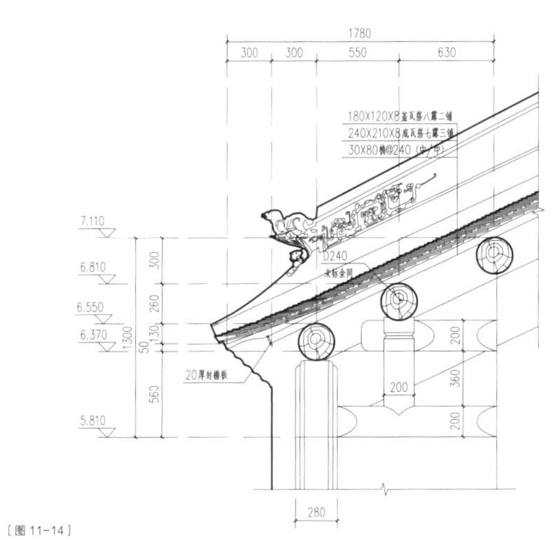

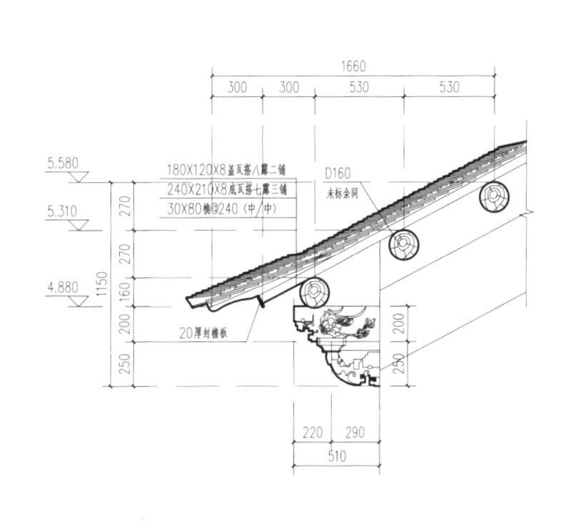

［图 11–14］
修缮前
宾兴馆
正立面及檐口详图测绘

［图 15］
修缮后
宾兴馆
剖立面

[图16]
精美的广府彩绘和雕刻、灰塑
最小干扰和最大限度的保留原有历史信息、材料和工艺

左[图17-20]
宾兴馆局部彩绘纹样详图

右[图21]
宾兴馆彩绘灰塑图表

彩绘灰塑分类	彩绘灰塑图例	门扇木雕示意
A 类彩绘 宽度 800 毫米	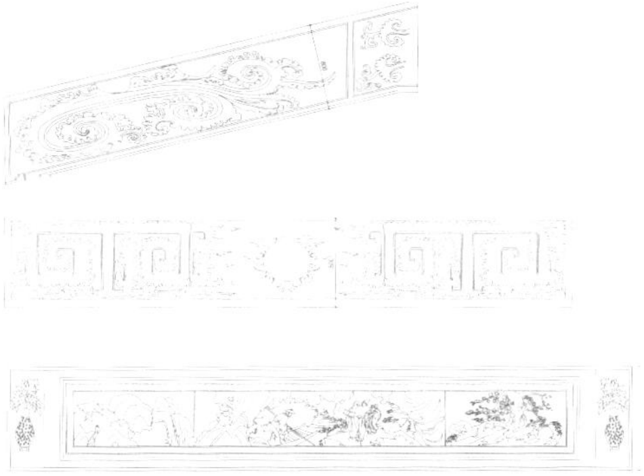	 
B 类彩绘 宽度 400 毫米		
C 类彩绘 宽度 650 毫米		
D 类彩绘 宽度 500 毫米	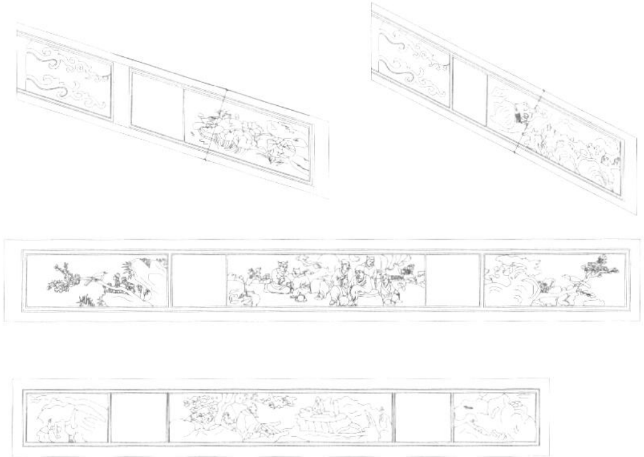	
E 类灰塑 宽度 300 毫米	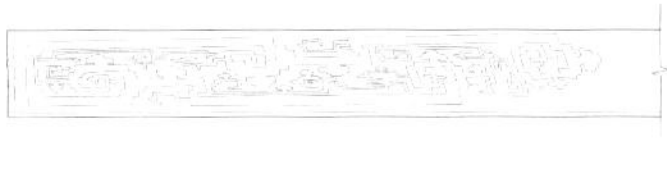	
梁下木雕中轴线三进建筑脊梁	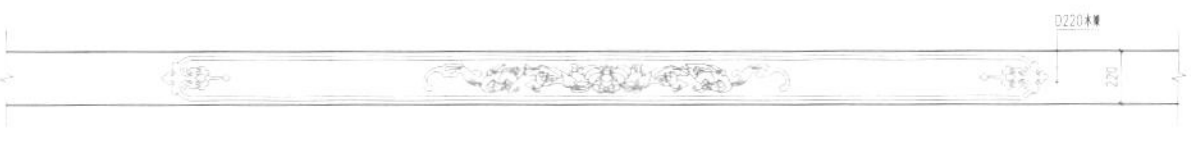	

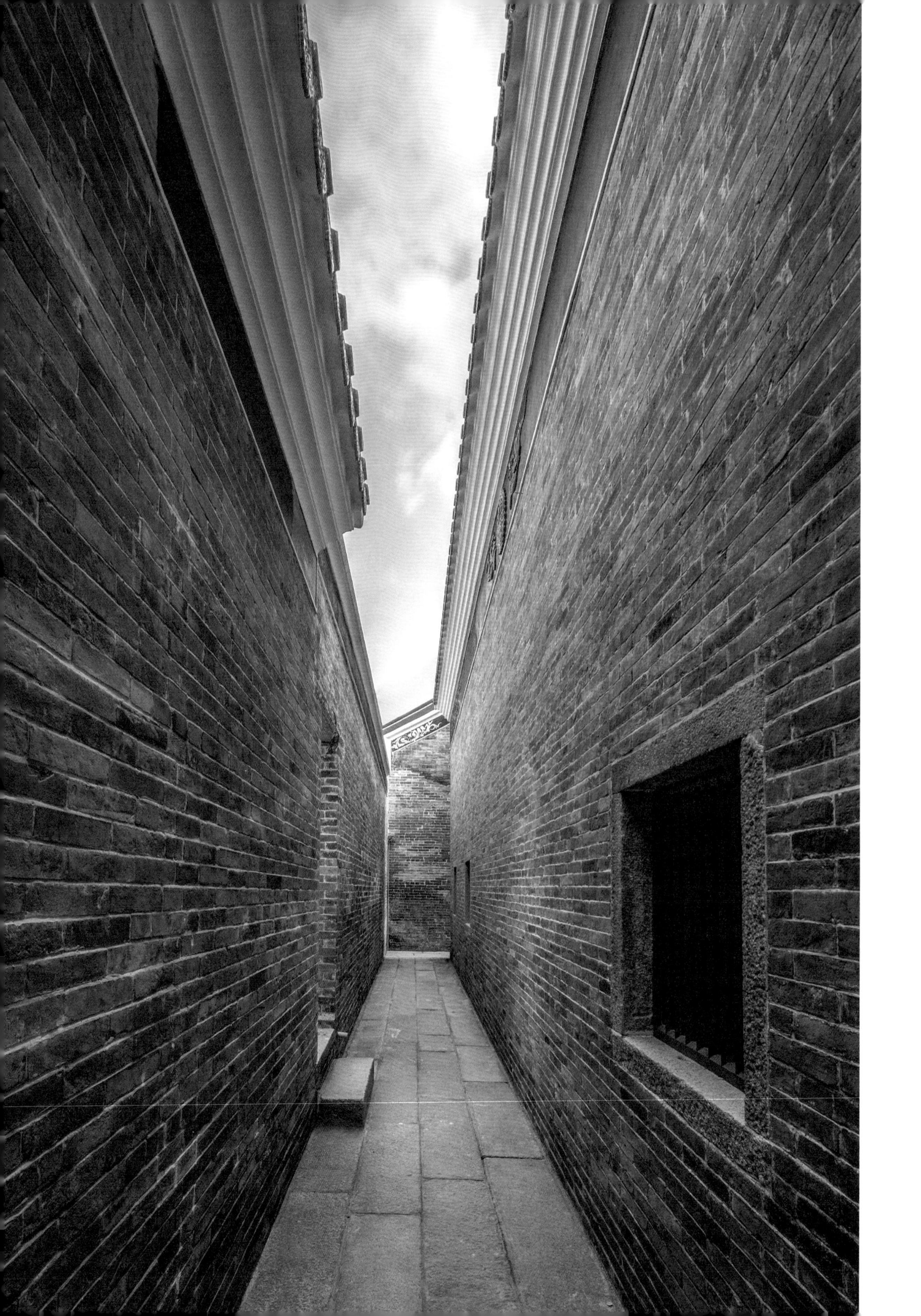

左［图22］
修复后
清水砖墙

右［图23］
修复后
厅堂

〔图24〕
修复后的中庭
尽可能多的
保留历史信息

「第二章」 传统建筑营造

◎ 苏州寒山寺普明宝塔及塔院设计
◎ 苏州博物馆宋画斋（现「墨戏堂」）营造
◎ 嘉兴火车站老站房及附属设施重建
◎ VIVO 研发总部企业接待中心
◎ 上海美丽古民居酒店
◎ 上海石库门「公元 1860」
◎ 慈云寺国师塔周边环境提升设计
◎ 般若寺：赤山六度

Reuse of Traditional Buildings

中国古建筑一脉相承，明清因循唐宋，建筑之变，不在皮相，不在技巧，而是深刻领悟万变不离其宗的道理。

1992

A.D.

设计时间 | DESIGN TIME

1998

A.D.

建成时间 | COMPLETION TIME

4 000

m^2

建成面积 | CONSTRUCTION AREA

设计团队

苏州市文物古建筑工程有限公司
（原苏州市文物古建筑工程处）

项目地点

中国 – 苏州

项目标签

宗教、仿古建筑

项目业主

寒山寺

项目内容

传统建筑设计营造

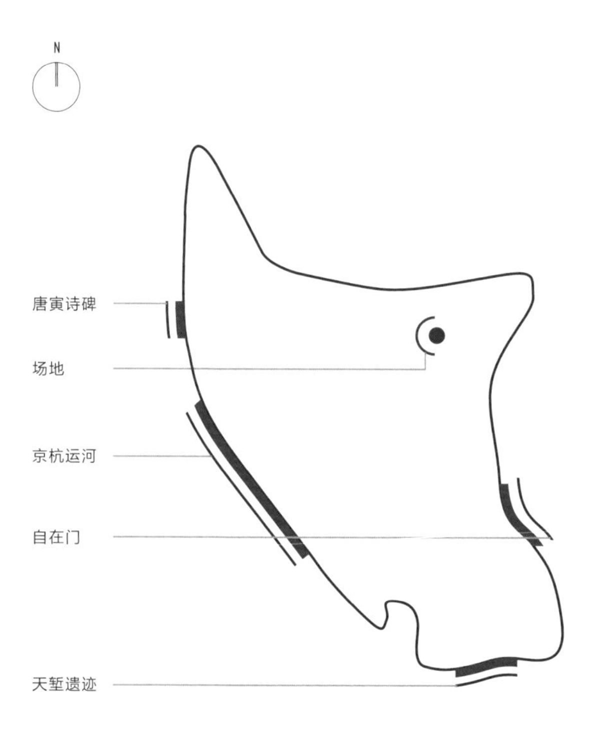

妙利普明

06

苏州寒山寺普明宝塔及塔院设计

06

Architectural & Courtyard Design for Puming Pagoda of Hanshan Temple in Suzhou

苏州寒山寺普明宝塔及塔院设计

1992 A.D.
设计时间 | Design Time

1998 A.D.
完成时间 | Completion Time

4 000
| Construction Area

善明寶塔
費新我敬題

[图1]
恢复后的
古寒山寺塔院

江南名刹寒山寺，自南北朝梁天监年间（502-519年）建寺，旧称“妙利普明塔院”，隋唐时期盛极一时。1992年收集建塔资料，进行分析研究，建筑大师张锦秋作技术顾问；1993年完成设计；1995年高逾42米的五级四面楼阁式仿唐佛塔“普明宝塔”落成，成为枫桥景区的标志性建筑。

寒山寺始建名“妙利普明塔院”。塔为一寺标志，寺以塔院冠名。所谓塔院，多供奉祖师灵骨舍利，故寒山寺之建，最初当系普明祖师之骨塔也。《寒山寺志》云：“寒山寺旧为妙利普明塔院”。另南宋苏州《平江图》绘有寒山寺塔，可见寒山寺塔由来已久。

平江圖

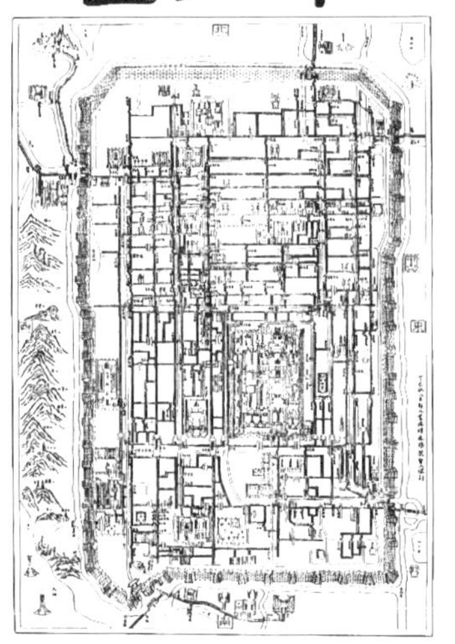

“姑苏城外寒山寺，夜半钟声到客船。”
—— 张继《枫桥夜泊》

［图2］
建成后
普明宝塔远景

寒山寺重建仿唐塔设计

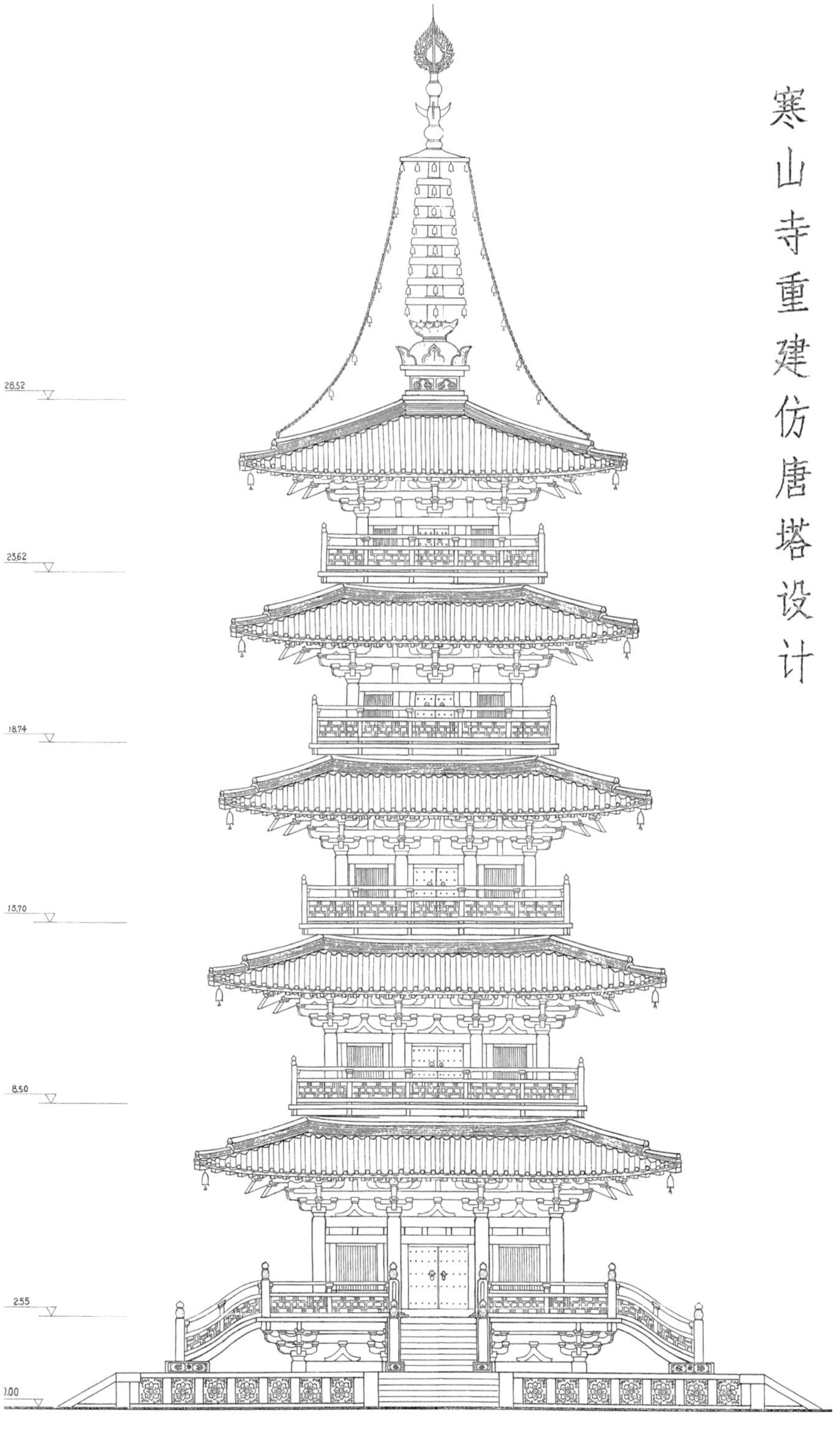

28.52
23.62
18.74
13.70
8.50
2.55
0.00

［图3］
修缮后
普明宝塔立面
1992年手绘图纸

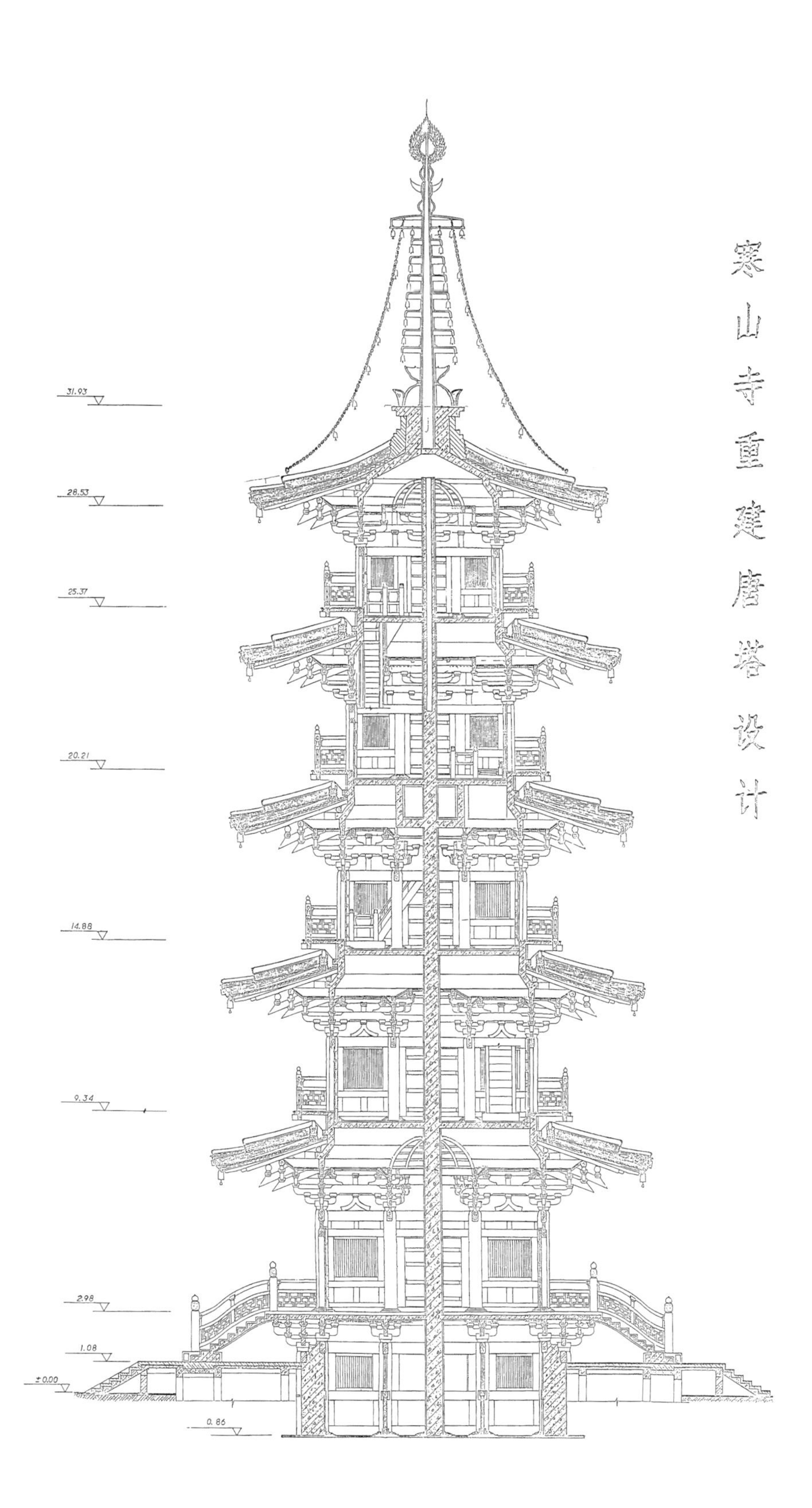

［图4］
修缮后
普明宝塔剖面
1992 年手绘图纸

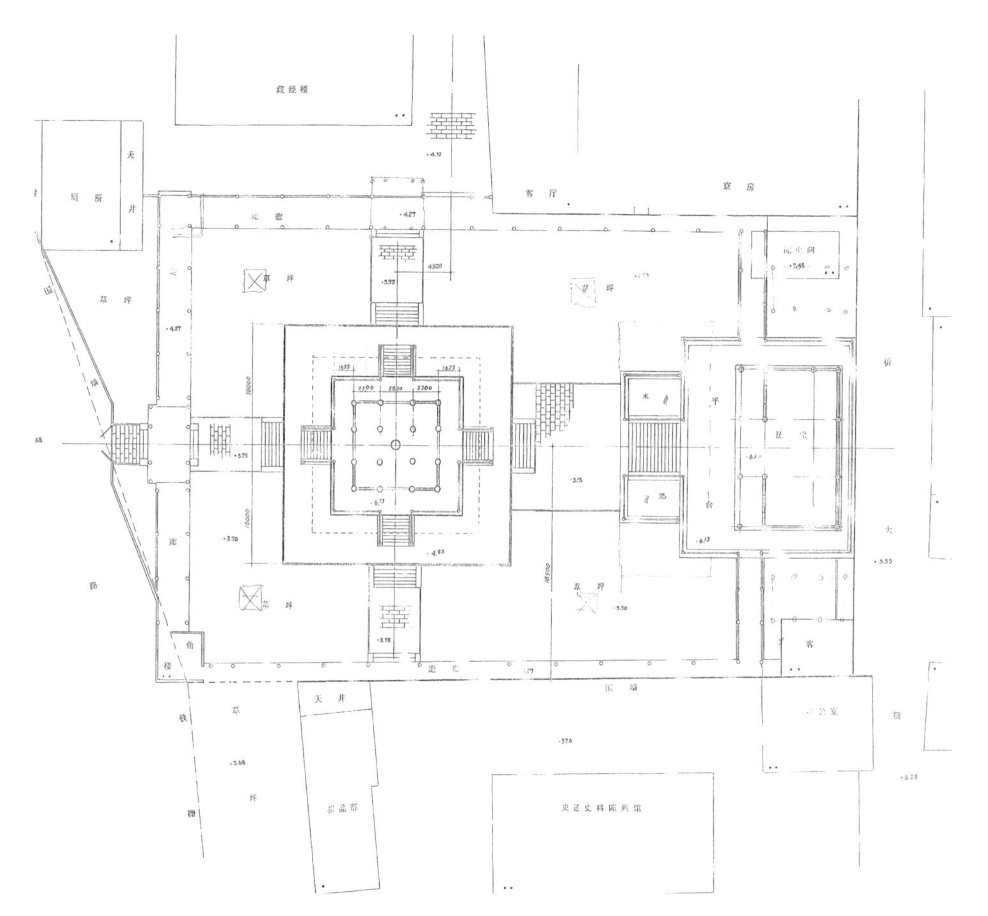

［图5］
塔院总平面

项目成员分别对远景、中景、近景三个范围内设25个点进行观察分析，最后确定以寒山寺大雄宝殿东西中轴线为塔轴心，将塔建在藏经楼后、前寺院、后塔院，符合前殿后塔的布局。建成的普明塔院占地约3千平方米，平面呈回字形，耸立于院中央花岗岩平台之上。塔式仿“唐式”最合乎寒山寺的历史。宝塔为可登临木结构楼阁式仿唐佛塔。中国佛协赵朴初赐题塔名:“普明宝塔”。

普明宝塔为仿唐木结构楼阁式佛塔，四方五层，由须弥座台基、塔身、塔刹三部分组成，总高42.2米。宝塔的建筑蓝图，是以敦煌壁画中唐塔造型为样本，同时参考山西五台山南禅殿、佛光殿，以及扬州平山堂的建筑形式设计。

上〔图6-7〕
建成后
普明宝塔局部特写

下〔图8〕
建成后
塔院法堂

左［图 9-10］
修缮后
遮朽瓦头图案大样
垂脊兽面板大样
1992 年手绘图纸

右［图 11］
修缮后
普明宝塔
翼角特写

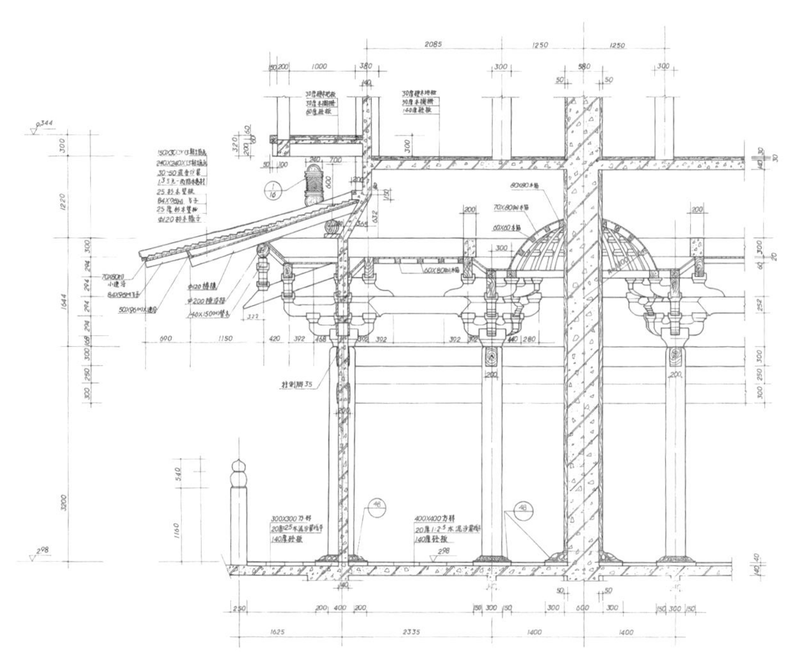

［图 12］
普明宝塔
一层局部剖面
1992 年手绘图纸

修缮后
核心筒为混凝土薄壁结构
外附木衣

附注：

寒山寺唐塔以唐代建筑形制为蓝本设计，中国唐朝是社会经济文化发展的高潮时期，建筑技术和艺术也有巨大发展。建筑发展到了一个成熟的时期，形成了一个完整的建筑体系。它形体俊美，庄重大方，整齐而不呆板，华美而不纤巧，舒展而不张扬，古朴却富有活力，正是当时时代精神的完美体现

上［图 13］
修缮后
普明宝塔
一层平座、台基
局部特写

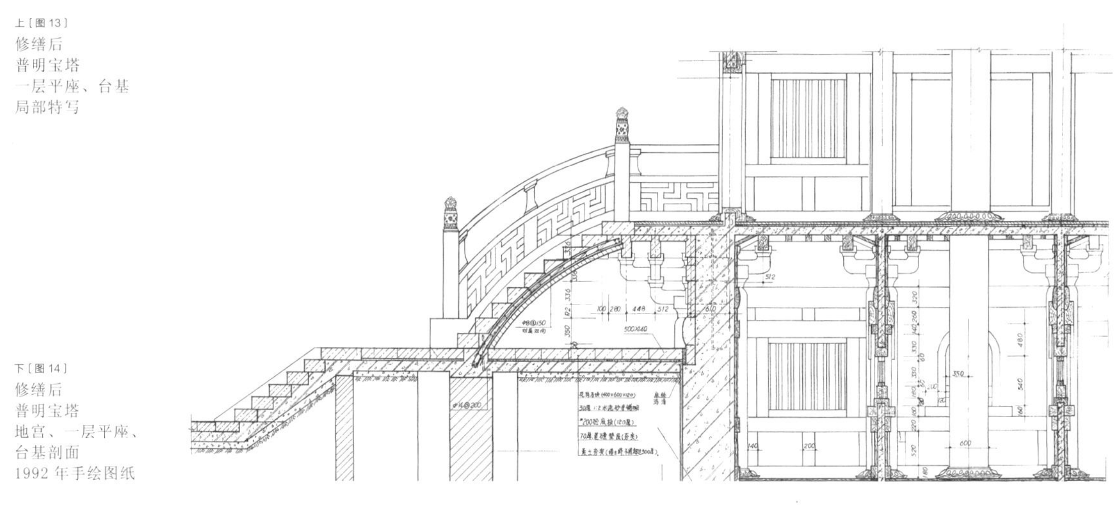

下［图 14］
修缮后
普明宝塔
地宫、一层平座、
台基剖面
1992 年手绘图纸

【永定柱造】《法式》记载有永定柱：凡平坐先自地立柱，谓之永定柱，柱上安搭头木，木上安普拍方，方上坐枓栱。永定柱是按做法而得名，具体做法是裁柱入地，柱下入地，因其入地镶固，故称永定柱。在永定柱之上所建平坐及上部殿身的构架做法，称为永定柱造。

塔

明
善

2006.3
A.D.

设计时间 | Design Time

2006.9
A.D.

建成时间 | Completion Time

256
m^2

建成面积 | Construction Area

设计团队
朱光亚、杨惠、都荧、沈忠人 等

项目地点
中国 - 苏州

项目标签
宋代、传统木建筑、新建、复原

项目业主
贝氏建筑事务所

项目内容
宋画斋建筑、宋画斋院落环境
宋画斋内家具

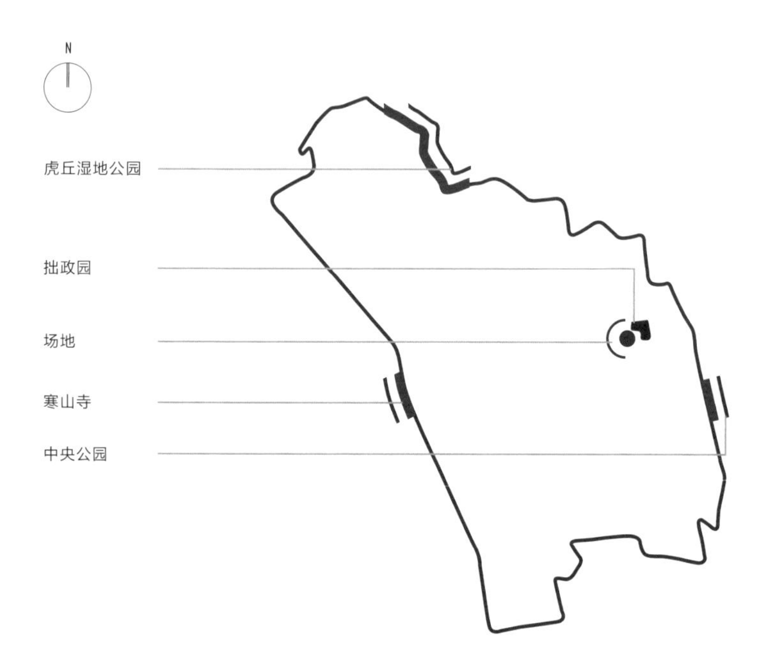

墨戏清旷

07 苏州博物馆宋画斋（现「墨戏堂」）营造

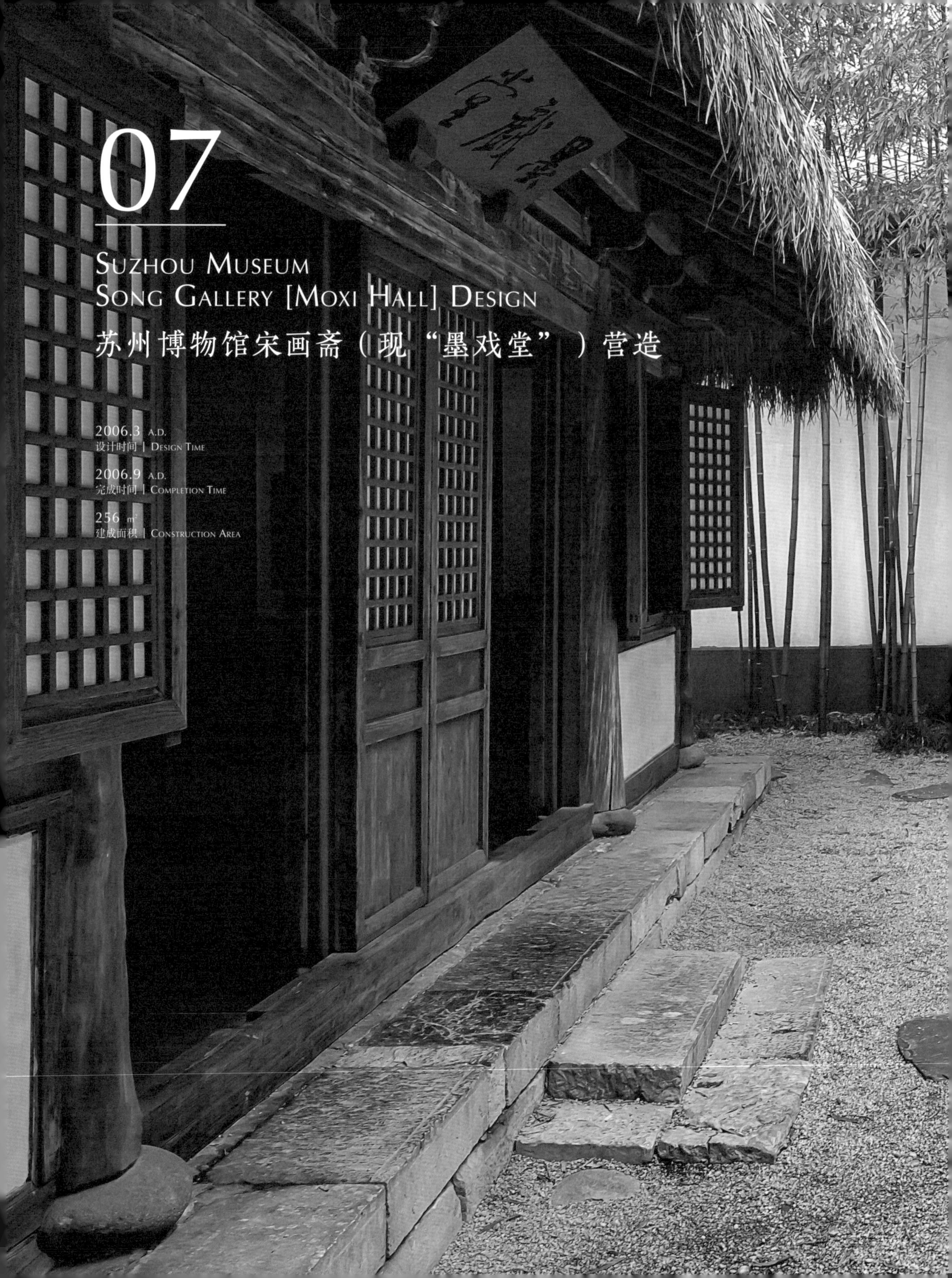

07

SUZHOU MUSEUM SONG GALLERY [MOXI HALL] DESIGN

苏州博物馆宋画斋（现“墨戏堂”）营造

2006.3 A.D.
设计时间 | DESIGN TIME

2006.9 A.D.
完成时间 | COMPLETION TIME

256 m^2
建成面积 | CONSTRUCTION AREA

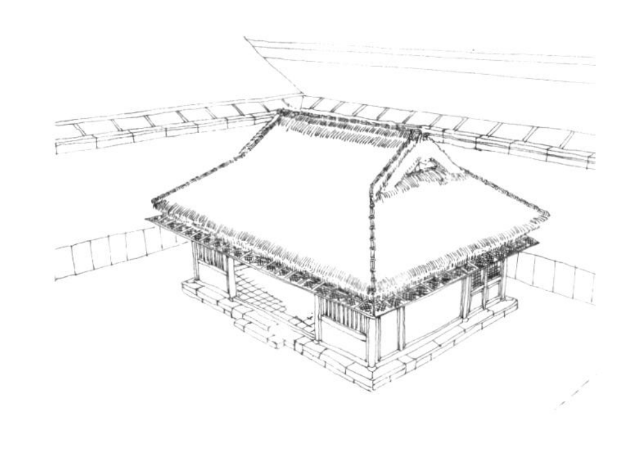

宋画斋是由贝聿铭主场设计的苏州博物馆工程的一个部分，设计方案获贝先生首肯。该项目位于馆内东北角一处封闭庭院内，庭院仅北向有一个入口。该建筑居场地北部，坐北朝南，定位为宋式江南民间厅堂建筑，设计包含家具与庭院小品。建成后将成为苏州博物馆中唯一一处用传统营造手法建造的展厅。

［图1］
宋画斋鸟瞰手绘

山水之博深灵逸，滋养了世间万物，也滋养了中国的山水绘画。宋元以来，文人多以画自娱，山水写意成为精神慰藉，解脱或享受的游戏活动。由此，这样一座以文人绘画为设计意象的民间厅堂建筑便应运而生，旨在展示宋代江南文人文化之内涵。

宋代在浅斟低酌中寻求心灵安慰，而在书斋、园林中寻求审美共鸣。“人间清旷之乐，不过于此”这一社会现象和心理状态，逐渐成为宋代文人审美的基本态度和格调。这种平淡贯穿到生活的各个方面，体现在宋画斋中即是不统一的不规则原石鼓凳、原木色彩的清水涂饰、茅草屋顶、清雅简朴的家具陈设，以及简洁纯净的庭院布置。它们从各个侧面印证着宋代美学的基本格调，展示着宋代文人的生活情境。

左［图2］
朱光亚和贝聿铭
在苏博施工现场会面

右［图3］
纸本，设色
纵 97 厘米，横 53 厘米
台北故宫博物院藏
《溪山秋色图》局部
赵佶
北宋

[图4]
宋画斋院内景

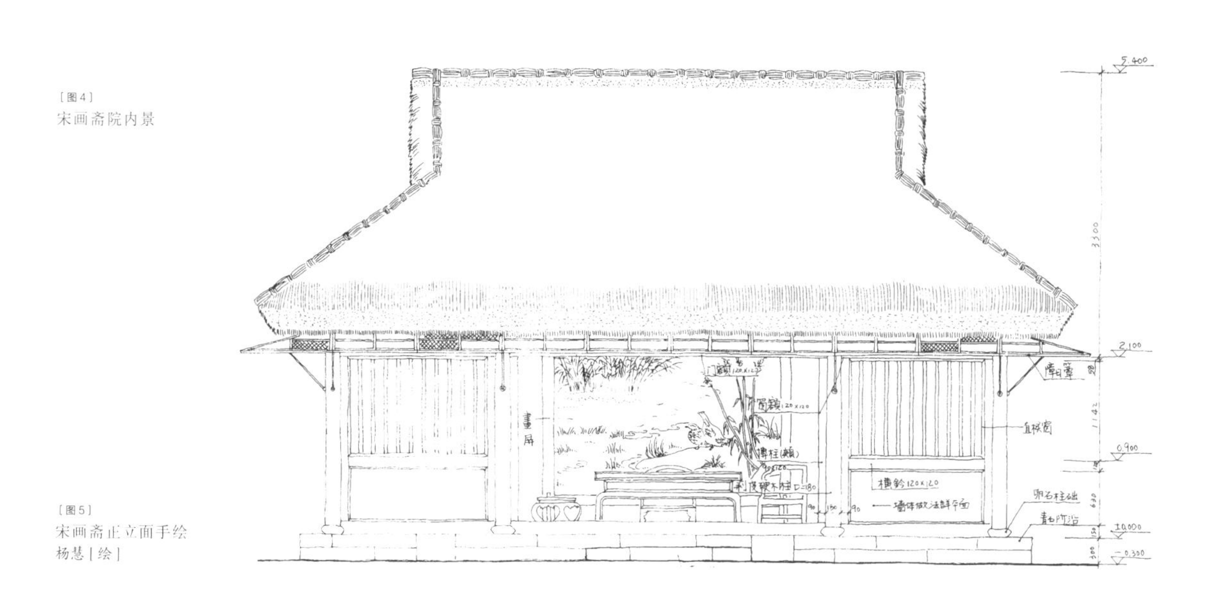

[图5]
宋画斋正立面手绘
杨慧[绘]

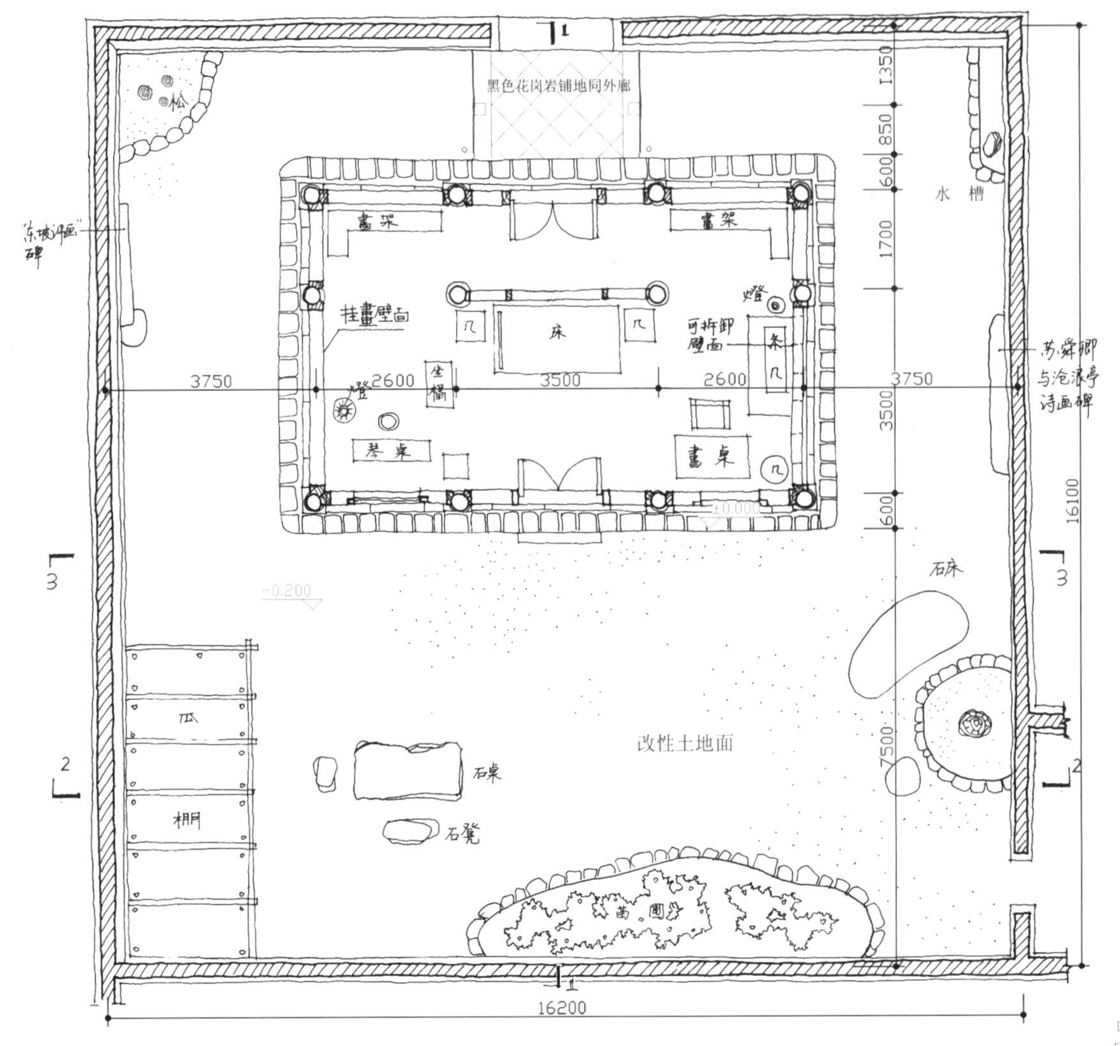

[图6]
宋画斋平面手绘
杨慧[绘]

附注：

贝聿铭先生在苏州博物馆的设计中安置一个宋式建筑及庭院，旨在以一个实体的形式向世人展示苏州宋代或宋式的建筑、室内陈设、绘画艺术和审美趣味，揭示宋代苏州繁荣文化，弥补当代苏州没有宋代民间木构遗存，人们对苏州宋代文化认识不足的缺憾

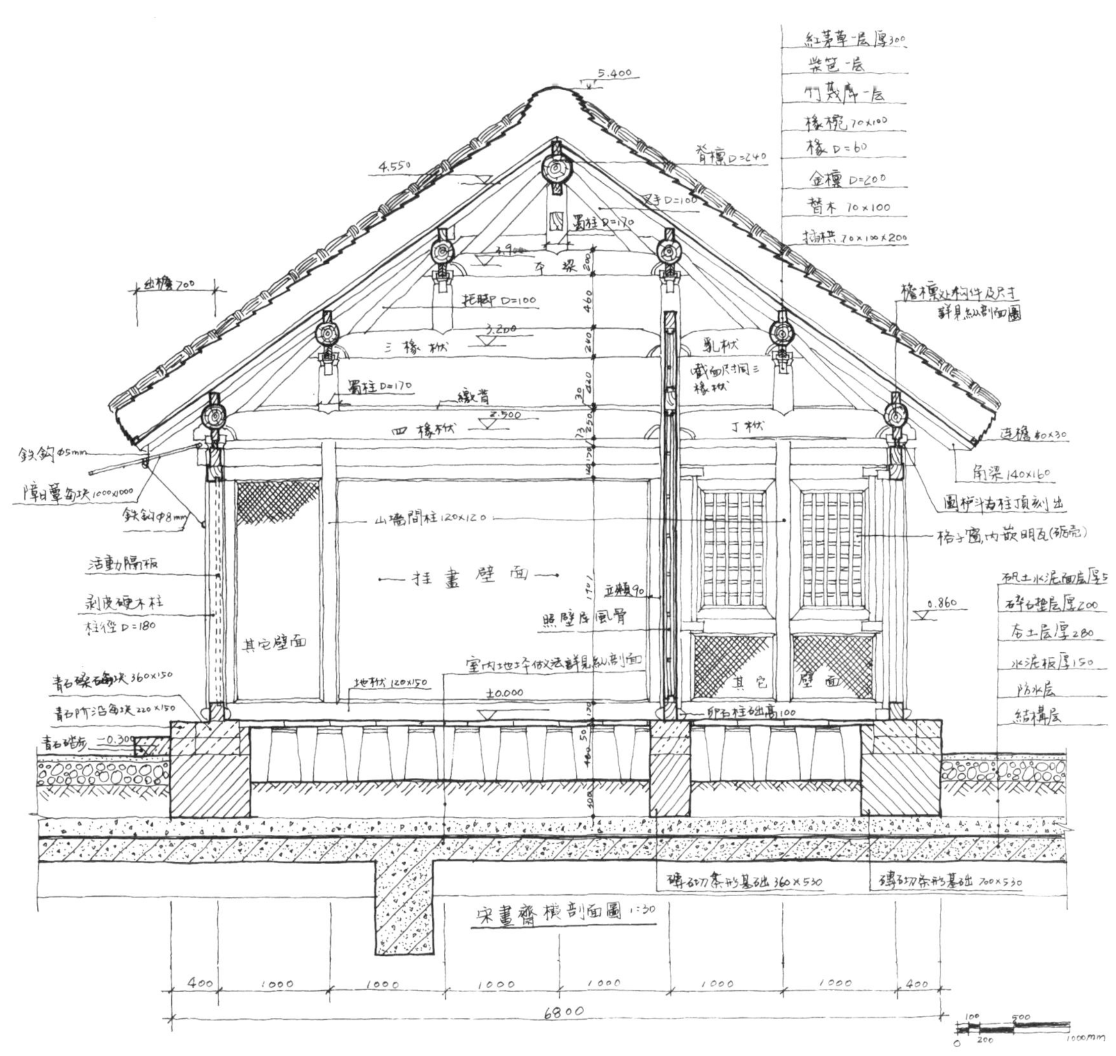

［图7］
宋画斋横剖面手绘
杨慧［绘］

宋画斋，三间六椽，阔二丈四尺，深一丈八尺（宋营造尺）。宋式江南民间厅堂建筑。宋代官式建筑，以材为祖，宋画斋用材，材厚70MM（约合宋营造尺两寸一分），高105MM，小于宋法式规定的八等材（材厚三寸），处于宋画斋为草顶民间厅堂建筑的考虑。大木构架用“四椽栿对乳栿用三柱”厅堂造（也是宋法式官式厅堂构架排布方式的一种）。

东南大学朱光亚教授负责项目设计，经过讨论、查阅资料、实地调研等环节，最终将宋画斋的基本形式定为一座四椽栿对乳栿用三柱的民间厅堂建筑。

设计要求整个建筑尽可能按照宋式做法还原，以期达到最“宋”之效果，故设计阶段其尺寸也依照宋营造尺计算。最终确定的整个建筑阔二丈四尺，深一丈八尺（约合 9 米 × 6 米）。而出于对宋画斋草顶民间厅堂建筑的考虑，其材厚两寸一分（约合 70 毫米），高两寸四分（约合 105 毫米），小于宋法式规定的八等材（材厚三寸），也小于常熟兴福寺塔（兴建于公元 1120 年）的用材。

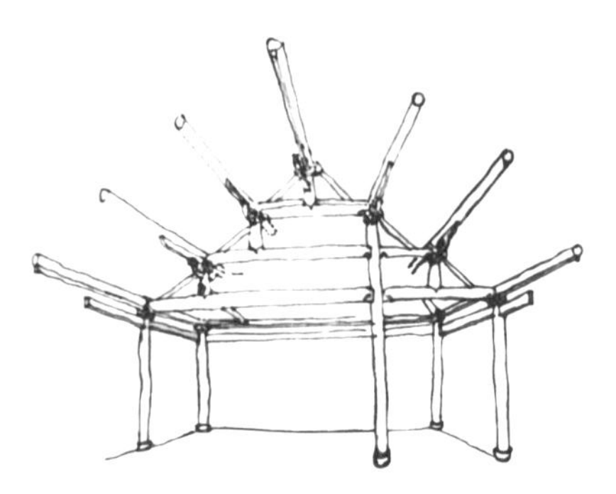

上［图 8］
宋画斋
室内透视

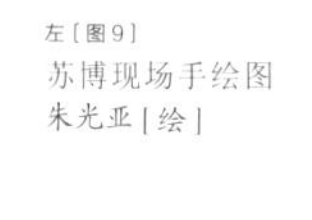

左［图 9］
苏博现场手绘图
朱光亚［绘］

［图 10］
宋画斋
室内透视手绘
杨慧［绘］

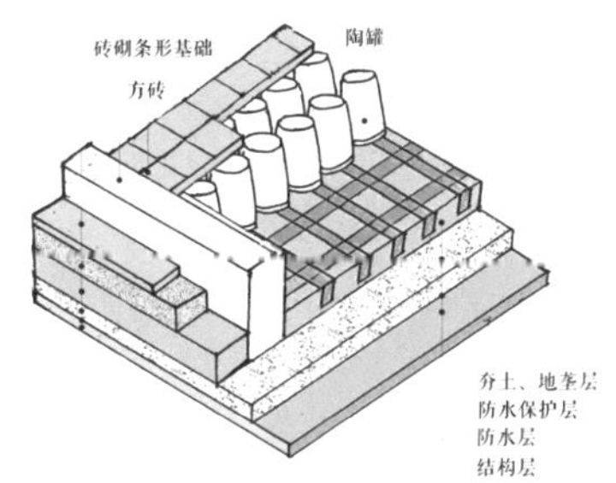

［图 11］
地基响屧廊
施工工艺示意图

［图 12］
地面原石鼓凳

［图 13］
大木加工

沈忠人先生负责项目的工程营造，从地基开始，采用点式龙骨空铺地砖地面的做法与宋代厅堂常见方砖铺地的形式，同时通过在方砖下埋陶缸的方法增加声响趣味。又在缸内和四周填充木炭、石灰、黄泥等物料，以增强地面吸潮、吸附有害气体的性能。为找到适于房屋的条形基础上锁口石，以及室内 400 毫米 × 400 毫米大小方砖青石，沈先生寻访西山，收取明代老料并进行二次加工。

这 12 个大小形态基本相近的原石鼓凳，极佳地呈现出宋代文人的对质朴原生美的追求。基础施工结束需布置鼓凳后方可进行大木作框架的搭建，大木作构件使用略加砍杀的梓木作为梁架用材。梓木硬度虽不及红木等硬木，但具有较好的柔韧度，此外梓木兼具耐腐朽的特点，历来是制作梁架、家具的好材料。加工原木时避免使用电锯等现代加工工具，因此木工主要使用的是较为原始的斧、刨、凿等工具对原木进行平整处理，再用砂纸打磨，最大限度上减少现代工具在木材上的痕迹体现。最后将处理好的木材加工为柱、梁、椽等大木构件。据推测，抬梁式建筑在苏州流行前很可能存在介乎穿斗和抬梁体系的过渡阶段，因此宋画斋选择了栌斗连柱这一带有穿斗体系痕迹的构造作为构造设计的基础。

［图 14-15］
墙体
编竹造龙骨
涂泥

［图 16］
草顶工艺施工
用材

宋画斋的墙体采用宋代江南地区流行的编竹夹泥墙做法。虽然编竹夹泥墙通常用于室内隔断墙，但由于其轻巧精致的特点，在宋画斋的设计中被用于外墙部分。

草顶屋面是贝聿铭先生提出的一个关键性设计要求。按照传统做法应当在竹篾席上直接铺设茅草，但若仅用茅草想达到所需的防水要求，可能需要近60厘米的厚度，于美学、结构角度都不合适，因此在椽子上铺盖定制尺寸加工的竹篾席，加现代涟水盐碱地中与芦苇共生的红茅草作为屋顶防水卷材。该种红茅草为草顶最适宜用材，耐腐蚀，难腐坏，在遵循传统草顶构造逻辑和满足设计美学需求的同时，保障屋面的防水性能。

宋画斋的小木构件用材选用老杉木。老杉木是一种不可多得的小木作用材，其本身较软，易于加工。且旧木已变形结束。因此制作而成的窗、门，将大大减小因构件自身变形而无法闭合的可能性。门窗做法取于宋《营造法式》记载的两明格子门。两明格子门相比普通做法的门，有两重格眼、腰花板、与障水板，可用双层纸或其他被覆物覆格眼、桯和腰串，因此具有较好的保暖性能。窗绢用材精选半透明云雾色真丝绢替代传统窗户纸，泡水后绷在窗芯内部，干燥后绷紧形成平整的面。

漆作在整个宋画斋的施工过程中也是耗时长耗工量大的一个环节。宋代官式建筑往往满铺彩绘，令人印象深刻。然而民间建筑大多涂饰简洁清爽如《清明上河图》，其原因大抵有两种：没有涂饰或者仅涂饰清光油。宋画斋民间厅堂的建筑等级定位要求其“素面朝天”，但作为展品不能选用不涂饰的做法，根据宋画形象推演并寻访当地师傅，最终决定选用三大名漆之一的毛坝生漆作为构件表面涂料，采用涂饰后仍能够显示出原有木纹和木材颜色或略深的“清水活”做法。由于清光油油膜透明光亮，但耐候性、硬度等各方面性能皆不及广漆。最后选择清广漆的揩漆方式，这是漆作中成本、规格均最高的做法。

［图 17］
鼓凳与方椅

室内布置取自宋画中较为有代表性的《十八学士图》，作品局部中有主人坐在长榻上与友人鉴赏画案上画作的场景，欲将其复原于宋画斋中。画中的扶手低靠背方椅未见存世案例，仅于绘画中可见且多次出现。进而取多幅宋画中文人生活场景的家具样式，最终得到榻、画案、方椅、香几、高足箱、圆櫈、灯架共计八件。

“截间屏风骨” 做法是在两柱之间用额、地栿、缚柱形成边框，沿着边框加一圈桯形成内框，桯内用木条做成大方格格眼，再在其上糊纸或布，称为照壁屏风，而花鸟题材多用于可启闭的四扇屏风上。

左［图 18］
图轴
纵 173.7 厘米，横 103.5 厘米
台北故宫博物院藏
家具布置
《十八学士图》局部
刘松年
宋代

右［图 19］
鼓凳方椅制作

庭院删繁就简，庭院内浅黄细砂为底，大部留白，以赏石为主景，辅以石灯、石桌，竹林为衬。突出宋式庭院以石为主的石玩趣味与庭院环境布置的纯净风格。此外作为石桌的灵璧石，与苏州博物馆水景庭院中的黑松、罗汉松一样，由贝聿铭老先生亲自挑选。

上［图 20］
庭院内景

下［图 21］
灵璧石与假山石

1907
A.D.

始建年代 | Earliest Build Time

2019
A.D.

设计时间 | Design Time

2021
A.D.

建成时间 | Completion Time

2 871
m^2

建成面积 | Construction Area

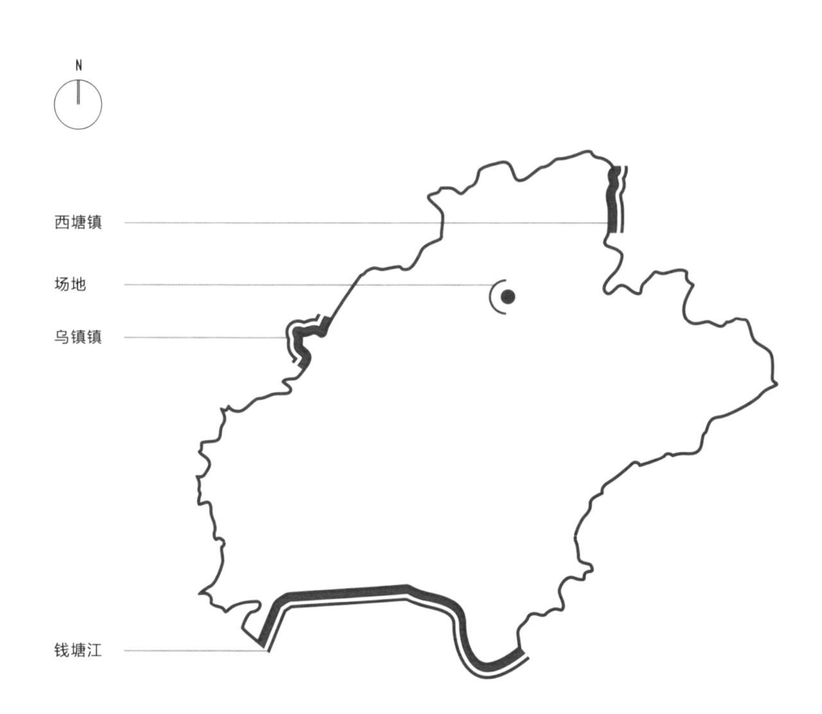

设计团队
东南大学
苏州水石传统建筑研究院

项目地点
中国 – 浙江

项目标签
嘉兴 – 火车站

项目业主
嘉兴市现代服务业发展投资集团有限公司

项目内容
历史建筑的记忆延续

岁月鎏金

08
嘉兴火车站老站房及附属设施重建

08

RECONSTRUCTION OF THE OLD STATION BUILDING & ANCILLARY FACILITIES OF JIAXING RAILWAY STATION

嘉兴火车站老站房及附属设施重建

清光绪三十三年
始建年代 | EARLIEST BUILD TIME

2019 A.D.
设计时间 | DESIGN TIME

2021 A.D.
完成时间 | COMPLETION TIME

2 871 m²
建成面积 | CONSTRUCTION AREA

嘉兴火车站为浙江省嘉兴市最早的火车站，位于市城东南部，曾是沪杭甬铁路通车时全线最大的中心站。自各段陆续建成并通车以来，沪杭甬铁路被用于运输货物和乘客，其对近代浙江经济发展和社会文化变迁所产生的影响深刻。

［图1］
嘉兴火车站
老照片

1921年，中共一大会议在上海法租界开幕，会议中因巡捕房密探突然闯入被迫中断，代表们分两批沿着沪杭铁路到达嘉兴火车站，继而登上游船，在南湖一艘画舫上完成了大会议程，宣告了中国共产党的诞生。嘉兴站和上海一大会址、嘉兴南湖一起，成为历史上重要事件、人物的物质遗存。

嘉兴站区域改造工程作为“百年百项”明星工程，是“喜迎建党百年十大标志性工程”之一。MAD建筑事务所负责主持设计嘉兴“森林中的火车站”总体项目；水石设计携手东南大学建筑学院，在这座“森林中的火车站”里负责火车站老站房、跨线天桥和站台雨棚的重建工作。2021年6月25日，改造完成后的嘉兴站正式开通运营。

［图2］
1909年
嘉兴火车站

[图3]
根据轨距
利用透视原理
推导建筑尺寸

■ 近代交通建筑审美下的历史与建造研究

嘉兴火车站于清光绪三十三年（1907年）建站，初建时站屋为二层楼，占地446平方米；民国四年（1915年）屋顶改造。嘉兴站是近代交通建筑，反映出当时人们的审美趣味以及20世纪初交通建筑的典型风格特征。

为了向历史致敬，且让市民有机会感受城市历史的厚度，MAD决定1:1重建老站房，并在新站台上重现忠于车站站台历史面貌的雨棚、天桥。由于年代过于久远，为了尽可能还原百年前民国时期的建筑风貌，设计团队做了大量细致的历史研究和建造研究工作。

嘉兴站作为沪杭甬铁路通车时全线最大的中心站，对沪杭甬铁路建造史的研究、以及沪杭甬铁路沿线各站点的研究就变得格外重要了。同样，对于1910年前后中国大地上开展的京张铁路、中东铁路建设等铁路史的研究，也为嘉兴站的研究提供宝贵的资料和补充。

研究之初资料匮乏，仅凭借数张历史照片和简要的文字记录，难以准确定位到1921年嘉兴站迎来一大代表时的状态，更难以落实到对重建设计的指导。反复研究下，设计团队决定从现有的资料中唯一能确定的科学数据入手，来推导当时建筑的尺度与关系，那就是——轨距。轨距作为铁路建设、火车生产的统一标准，是有明确的尺寸要求的。

我们发现沪杭甬铁路使用的是英制的标准轨距4.8英尺（折1.435米），参考研究了当时的摄影相机的焦距，用3D模型模拟历史照片中建筑、月台、铁轨等构筑的关系，再从模型里推敲各建筑与构筑的尺寸。

"老站房"是其中最为确定的一处主体。站房初建时共两层，占地面积446平方米，立面为青砖扁砌墙体及砖柱，红砖线脚及门窗券，顶部为观音兜形式，上有蔓草灰塑。其平面反映了为满足当时候车、乘车等活动功能的建筑设计水平；其建筑、设施体现了当时的生产、建造技术情况。值得庆幸的是，历史照片里所呈现出来的站房状况较为完整、也较为清晰。

结合嘉兴站历史照片与仍存原貌和据史重建的其他沿线站点来看，这一系列站房建筑在室内外建筑风格上存在联系，如入口山花、窗洞、檐口处理等。对比嘉兴县志曾经记录了站房的大概占地面积后发现，设计团队最后从模型上推导出来的占地面积几乎和历史的记载是相同的。

在立面的复原方案上，我们通过对历史资料的研究，运用了水石传统建筑研究院多年沉淀下来的积累的文物保护的能力和项目经验，在同时期的建筑或同类型的建筑里去验证一些从照片上反映不到的细节，通过层层的推敲一次次帮助设计团队打开灵感之门。

[图4]
老站房开放前
游人驻足观看

砖块的选择是该项目的一个重点。嘉兴地区曾隶属于平江府，立面材质的做法相当接近。所以对苏州地区、上海地区和嘉兴地区所能看到的1921年左右的此类建筑，团队都进行了走访，做了必要的测绘，包括门窗、砖券、窗台和砖缝的做法等。

在建筑整体尺寸比例的推敲中，我们从研究资料历史照片模型对比中，得到了基本的立面的形态和尺寸。但是对于砖的使用方式，还存在一些疑问，是使用八五砖还是九五砖的尺寸？砖缝会是多大？排布方式是怎样的？每一层叠色是多少，块砖的叠色是多少，每个砖的宽度是多少……最后我们通过对同时期建筑砖墙砌筑的对比研究，确定了嘉兴地区当时采用的是九五砖，砌筑方式为一顺一丁，砖缝多是元宝缝。立面的排砖让我们从立面形态上的凹凸关系和扶壁柱，确定了复建具体的尺寸和关系。

[图5]
光影中的青红砖

[图6]
重建站房
室内场景

站房室内地面材料暂未发现可靠的依据，但作为公共建筑，结合当时的历史背景，水泥虽价格低廉，但因没有良好的装饰性且易起灰尘和碎裂，大多仅在工厂使用。而传统青砖易碎、工艺复杂、成本高、砖缝处难清理等缺点，不适用于公共建筑或者大面积使用。

[图7]
重建站房与
新建站房的链接

相比之下，耐磨、防滑、不易起尘的地面材料也唯有水磨石较为符合，横向比较同时期的大连火车站等铁路建筑也可以看到类似的做法。水磨石自清末传入中国，因成本低廉，具有耐磨、防滑、抗压、一定的装饰性等特点，很快在公共建筑中被应用，新中国成立后，水磨石也作为装饰性地面开始大量应用，取代了地砖铺地的主流地位。

在门窗的复原研究中，团队从以往中东铁路的沪杭甬铁路的历史照片和周边所看到的同时期的建筑进行了一些测绘与对比，寻找了比较常见门窗的高宽比；从排砖的角度来分析出砖、窗户可能的宽度，通过对苏州和嘉兴地区的同时期建筑的测绘，去推敲验证这些尺寸。从研究到现场的验证、实物的验证，来得到比较科学的窗户的比例和大小，再对窗户进行构建的测绘，把项目的细节还原到图纸上。

上［图8］
新建雨棚与重建雨棚

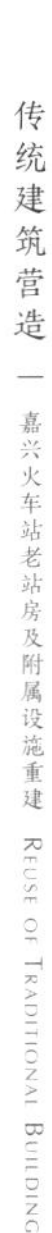

“站台雨棚”经历的历史时代比较复杂，饱经沧桑后产生的变化非常之大。它分成两个部分：一个上行月台的雨棚，和一个岛型月台的雨棚。从历史时间看，从建成初期到1937年，站台雨棚的形态、位置都发生了变化。

1909年－20世纪20年代，上行月台雨棚和岛型月台雨棚均为四坡顶建筑形式；二三十年代，上行月台雨棚形式从四坡顶变为单坡顶，岛型月台的雨棚形式为双坡顶；1937年前后，上行月台的雨棚形式为单坡顶，岛型月台的雨棚形式为双坡顶。

由此推断，1921年时上行月台雨棚较有可能为四坡顶，由四坡顶转换为单坡顶的时间不详；岛型月台雨棚较有可能为双坡顶，由四坡顶转换为双坡顶时间不详。结合MAD设计的现代站台雨棚的形态，最终复原的站台雨棚均采用了四坡顶的形式。

右［图9］
经过研究发现
嘉兴站站台雨棚
历史上存在过
三种形态

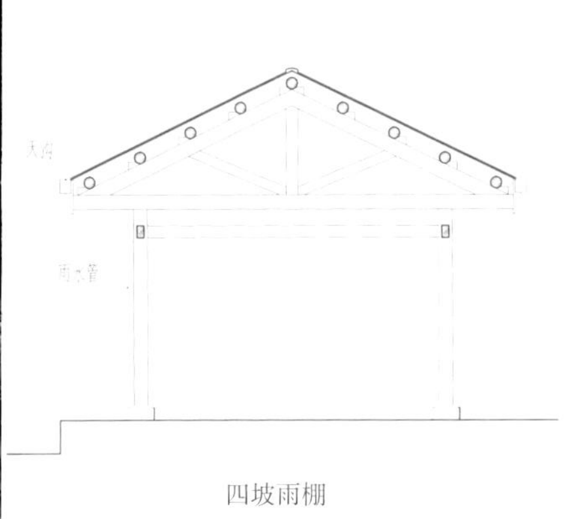

四坡雨棚

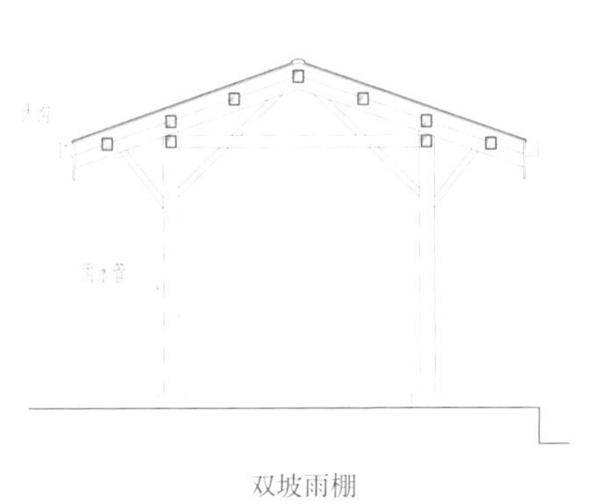

双坡雨棚

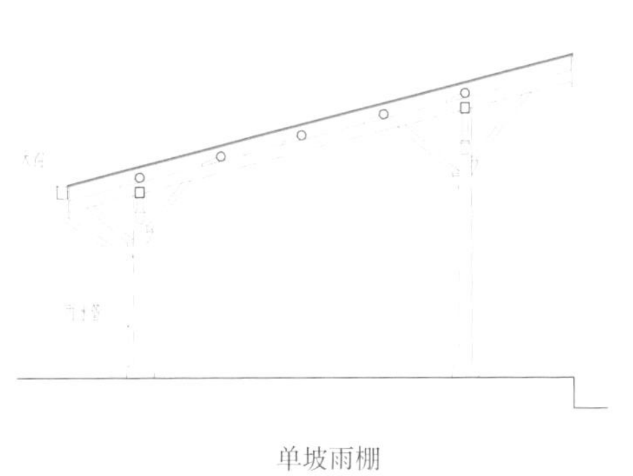

单坡雨棚

根据嘉兴站历史照片可以看出“跨线天桥”结构发生过变化。根据海宁站在1920年建木质跨线桥，在1925年跨线桥木架更换钢架，推测嘉兴站天桥构架应与其同时发生变化。它的变化在各个阶段都有不同的特征。综合资料团队推断，在初建时，天桥应是桥面以下做柱梁式钢结构，桥面以上做木结构双坡廊。结合现行铁路建筑的规范和安全使用的需求，统一采用钢结构来呈现跨线天桥的结构形态。

对比同时期的中东铁路建设资料，跨线天桥的主体框架是以铺设铁路的工字型钢轨和角钢作为主要结构材料和连接构件的，屋面为镀锌瓦楞板。根据资料显示，测定的中国人平均身高1.65米，在照片中进行比对，分析出休息平台的高度为2.5米左右，天桥雨棚高2.5米左右，且顶棚为人字形，上部杆件高度为1.8米左右。

1937年后高度

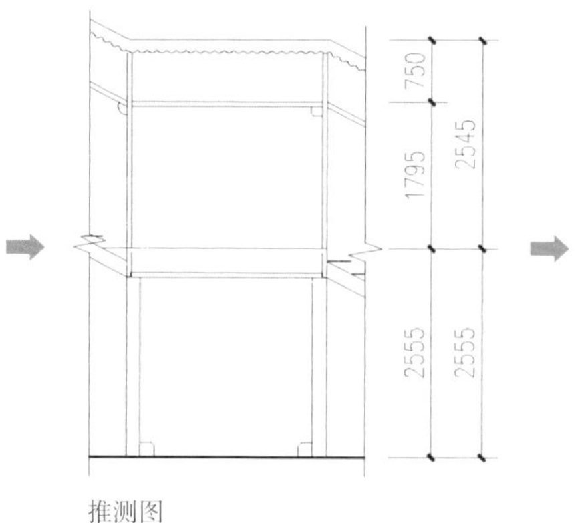

推测图

左［图10］
通过历史照片推导跨线天桥的尺寸和形态

1937年后

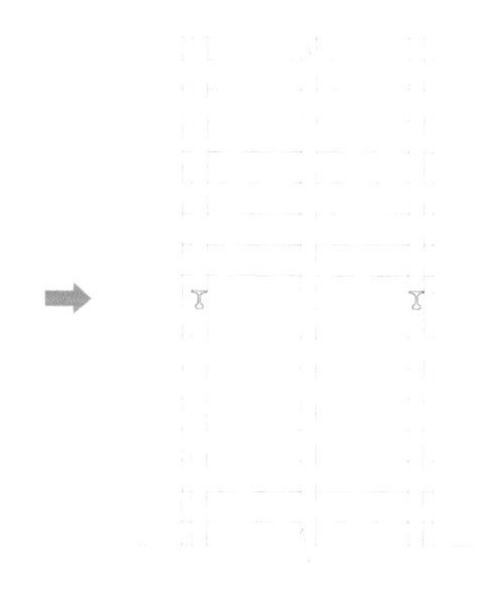

楼梯踏步推测图

右［图11］
重建跨线天桥

在研究过程中，我们依托了于水石传统建筑研究院对遗产保护的深刻认知、理论知识和经验基础，包括水石城市更新的技术积累、尤其是对民国建筑更新利用的一些办法和手段。在过程中虽然偶有遇到矛盾之处，但是通过团队不断地优化和深化，最终实现设计的协调和解决。

同样，嘉兴站的主持设计方MAD事务所在整个设计和项目实施过程中，表现出了对历史建筑极大的尊重以及令人敬佩的对设计作品的热情和责任心：把主要的站房功能置于地下以突出老站房的体量和形象、新老站房交界处的反复推敲和比较、新站台雨棚对复建雨棚尺度的契合。

嘉兴站作为当地重要交通设施，在相当长的一段时期内为人熟悉，并留下回忆。在情感延续、精神传承方面是难以磨灭的痕迹。重建后的嘉兴站体主体是一个展示馆，实际已不承担任何火车站本身的功能；从意义上看，嘉兴火车站重建项目更多代表了一个精神场所。

自嘉兴站改造消息发布后，当地人民满怀期待、热情讨论，这也折射出嘉兴站在社会凝聚力方面的重要作用。百年巨变，沧海桑田，历史的车轮滚滚向前，时代依然在变化与发展。当过去与如今在此处产生共鸣，一座建筑已不再只是它本身，它将携带着民族记忆继续向前……

[图12-14]
重建老站房

2022

A.D.

始建年代 | Earliest Build Time

2022

A.D.

设计时间 | Design Time

2025

A.D.

预计建成时间 | Completion Time

9 600

m^2

建成面积 | Construction Area

设计团队

苏州水石传统建筑研究院

项目地点

中国 – 广东

项目标签

东莞 – VIVO宋式合院

项目业主

维沃移动通信有限公司

博古通艺

09 vivo 研发总部企业培训中心

vivo R&D Headquarters Corporate Training Center

vivo 研发总部企业培训中心

二十一世纪二十年代
始建年代 | Earliest Build Time

2022 A.D.
设计时间 | Design Time

2025 A.D.
完成时间 | Completion Time

地上 3300 m² 地下 6300 m²
建成面积 | Construction Area

左 [图1]
宋画中的合院

vivo全球研发中心项目设计致力于打造一个"花园中的微型人文城市"。总体规划以人为本，借景周边山林秀色，串连区域花园景观，通达城市公共空间，秉承中国传统人文精神，为企业营造一个传统文化和自然环境相互融合、充满活力、高效高质的办公环境。

在园区整体规划中，企业培训中心、培训楼等功能性建筑按仿宋风格设计，景观构筑物以及一些近人尺度的仿古建筑物等均以传统纯木结构来营造，选择运用中国宋代经典建筑形式来打造有文化、有温度、有品位的宋代人文空间。

研究中国传统建筑及营造技艺，走心比走法更为重要，并非一味地追求仿古。在深刻认知现存历史建筑的设计、构造及工艺基础上，探索基于新时代、新技术背景下，仿古建筑设计建造的深度和广度，将古人的生活空间和当代的生活方式相融合，才是当代古建筑设计的方向。设计团队通过在传统建筑保护设计及营造中积累的数十年经验，提取并组合宋代空间、建筑、园林等特征，再现宋代风雅恬淡、尊重自然的生活意趣。同时，又与办公园区现代建筑彼此渗透、相得益彰，体现出区域独特的文化底蕴。

项目中企业培训中心用地面积约为：15000平方米，建筑面积为：9200平方米。场地周边自然环境优美，植被丰富，北靠丘陵，西南面湖，拥有得天独厚的自然景观，符合古人城市山林的风水择址。基地整片的连续用地，同样也构建还原了完整的传统空间关系与氛围。设计以北宋张择端的《清明上河图》片段为蓝本，结合基地现状，以传统中轴线合院方式布置，设计多重院落的空间组合，尺度体量变化丰富，结合庭院景观及园林，打造丰富的观赏层次，还原古人充满文化和情趣的生活空间。

左 [图2]
宋代建筑形式
屋顶

右 [图3]
研发中心
鸟瞰效果

整体建筑在形态上复刻宋代建筑风貌，形态朴拙、结构优美、出檐深远、气势恢宏，富于变化。设计团队集合了宋代各类型建筑的特点，以《营造法式》木结构构造体系为依据，把构造元素进行了重新编译和解构。探索和实践了传统木结构和现代钢结构、混凝土结构、机电设备等多专业协同的一体化设计新逻辑及方式，为保证建筑使用的舒适度，又能最大限度还原古建筑的风貌。主建筑群以传统的合院平面方式布置，采用主、辅轴线方式设计。主轴线由门厅、茶厅、客厅、楼厅贯穿，两侧辅以厢房和游廊。这一组团是主要功能区，功能布局合理，交通流线通畅，既符合传统平面布置，又满足企业使用要求，建筑的功能性和私密性得到逐级过滤。

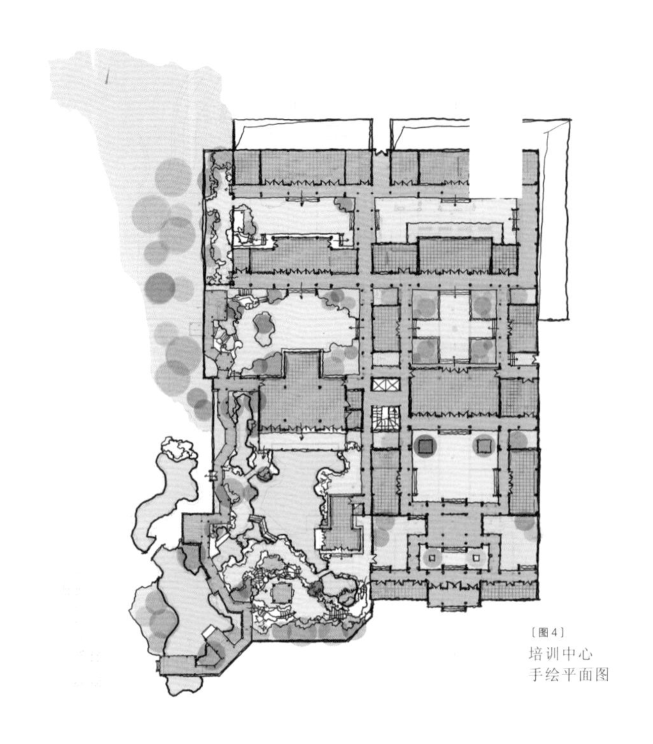

［图4］
培训中心
手绘平面图

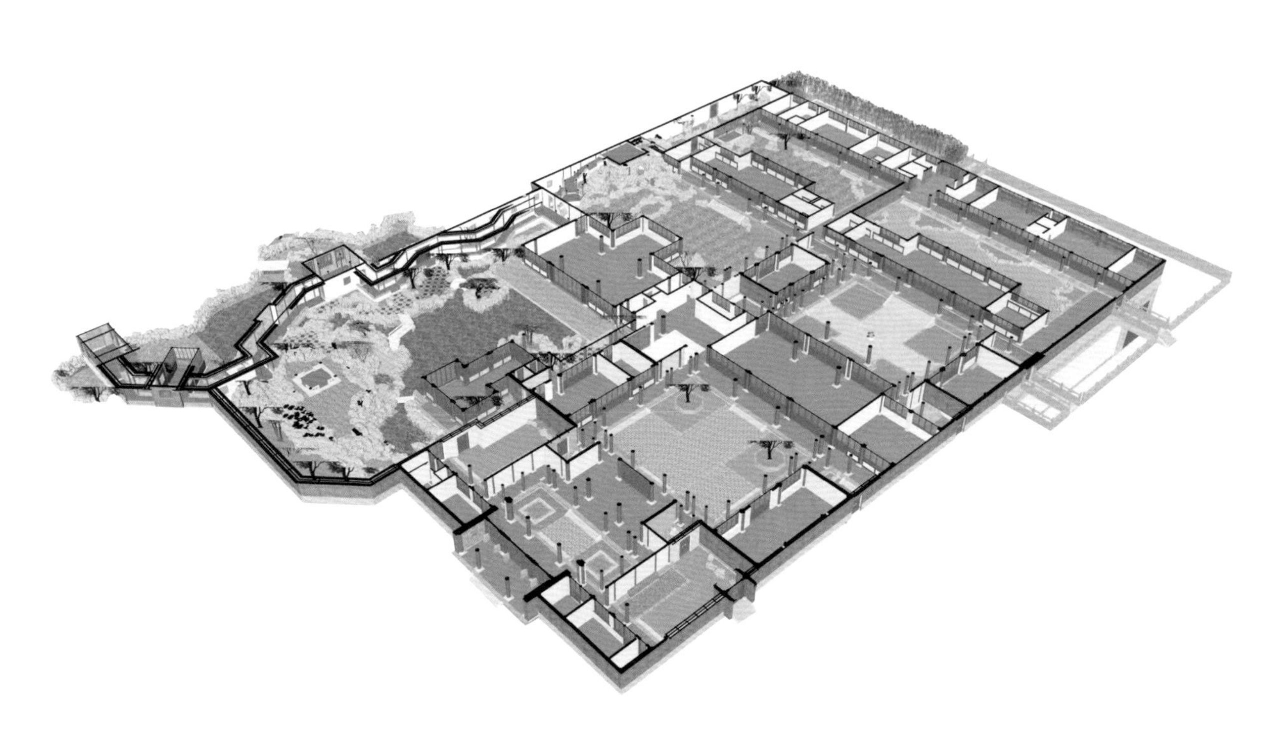

［图5］
培训中心
设计模型

[图6-7]
培训中心
外景及院内景

左[图8]
培训中心园林

辅助轴线则以园林为主。依据明清苏州园林设计理念，但并不拘泥于传统法则。设计融合了诸多宋代风貌的功能建筑，探索了让宋式建筑融入在明清园林里的方式。凭借园林微地形的高差设计，构成建筑的风雅与叠山理水花木意趣的相互关照，呈现出天然的开放性与良好的私密性，亦使得园林与庭院的序列及空间更富于变化。新园林可游，可赏，可居，形成了一种多元的赏园游园的新体验。

左[图9]
研发中心中庭

园区内仿古建筑在满足使用功能的前提下，为现代空间注入了凝练唯美的中国古典情韵，又将现代技术和传统元素结合在一起，以现代人的审美需求，打造出富有传统韵味的环境与建筑，最终让使用者感受到建筑的独特气质及传统文化。

右[图10]
山顶阁楼

2007

A.D.

设计时间 | Design Time

2011

A.D.

建成时间 | Completion Time

11 500

m^2

建成面积 | Construction Area

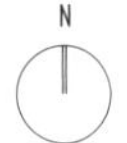

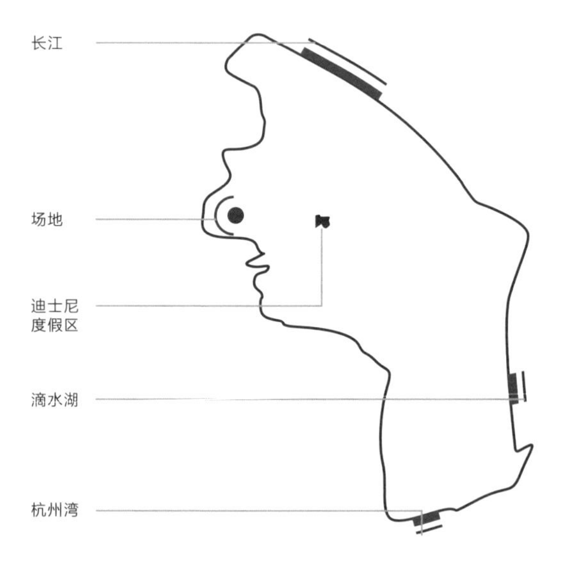

设计团队

苏州市东南文物古建筑研究所

项目地点

中国 – 上海

项目标签

上海 – 酒店会所

项目业主

上海地产集团

项目内容

古建筑木结构再生

雕镂精思

10 上海 · 美丽古民居酒店

10

SHANGHAI BEAUTIFUL ANCIENT RESIDENCE HOTEL

上海·美丽古民居酒店

2007 A.D.
设计时间 | Design Time

201[illegible] A.D.
完成时间 | Completion Time

11 500 m²
建成面积 | Construction Area

上海美丽古民居酒店项目位于上海浦东三林镇，徐浦大桥东北桥堍，整个项目占地 11500 平方米，由 100 多幢传统民居及其他附属建筑组成。项目核心部分为传统民居酒店，该酒店由 56 幢经修缮后的传统民居及巧妙时尚的外部空间组成，形成高规格的品牌酒店。

酒店使用的传统民居，大多是散落在各地因无人居住而荒废的木结构民居，其平面布局之完善、结构体系之巧妙、雕刻图案之精美，无不让人惊叹！但都因年久失修，已破败不堪，有的仅剩不到一半的建筑构件，并且是拆卸后杂乱地堆放在一起。经过团队专业的整理、归类、测绘、补配、修缮设计、修复等一系列工作后，这些传统民居得以恢复健康状态，并加以利用，使其重新发挥昔日的光彩。

上［图 1］
建成环境实景

下［图 2］
修建前场地环境原状

随着生活水平的日益提高，传统民居已经无法满足现代人的居住需求，老旧的民居逐渐无人居住，日益破败。本项目旨在将这些年久失修的老旧民居收集后整体异地修缮保护，并将其整体展示出来，同时也作为酒店的装饰部分，提高酒店档次。

每幢传统民居都以原有的布局为单位进行组合，均有独立的前院、天井等。核心区的酒店大堂入口是一幢江西乐平的戏台，该戏台始建于明末清初，前有四根檐柱，上部飞出四个翼角，檐口雕花板、月梁等满雕各种精美图案。

戏台山墙采用较为多见的马头墙，既起到防火、防盗等维护作用，又美观大方。因戏台的功能要求不同于一般民居建筑，舞台空间需要较大，其结构体系也有较大变化，增加了很多抬梁做法，用料也比一般民居大。

项目将城市废弃空间、中国传统民居、时尚度假酒店、娱乐美食街区、文化艺术展示空间等多种元素放在一起，完成了时空的转换以及文化的延续。昔日废旧的传统民居被赋予新的定位和功能。

［图3］
修建前
场地环境原状

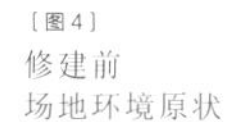

［图4］
修建前
场地环境原状

［图5］
建成后
局部透视

［图6］
局部实景

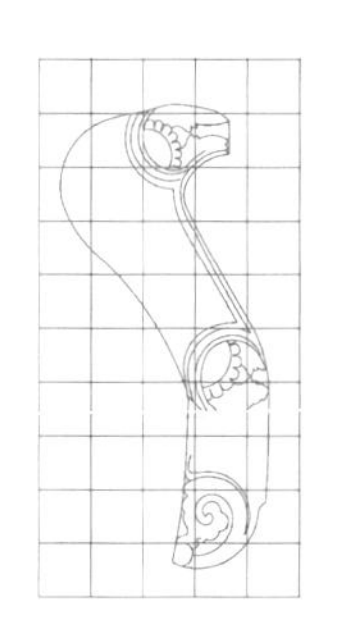

135 — 136

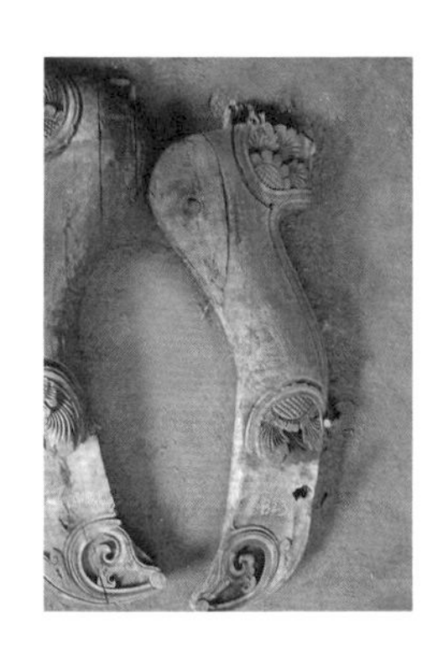

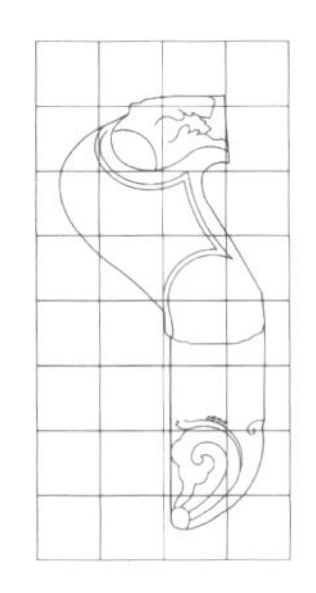

2009

A.D.

设计时间 | Design Time

2011

A.D.

建成时间 | Completion Time

200 700

m^2

建成面积 | Construction Area

设计团队

沈禾、刘铁柱、石之松、刘松伟 等

项目地点

上海 – 宝山

项目标签

上海 – 石库门联排别墅

项目业主

绿地集团

项目内容

传统建筑设计营造

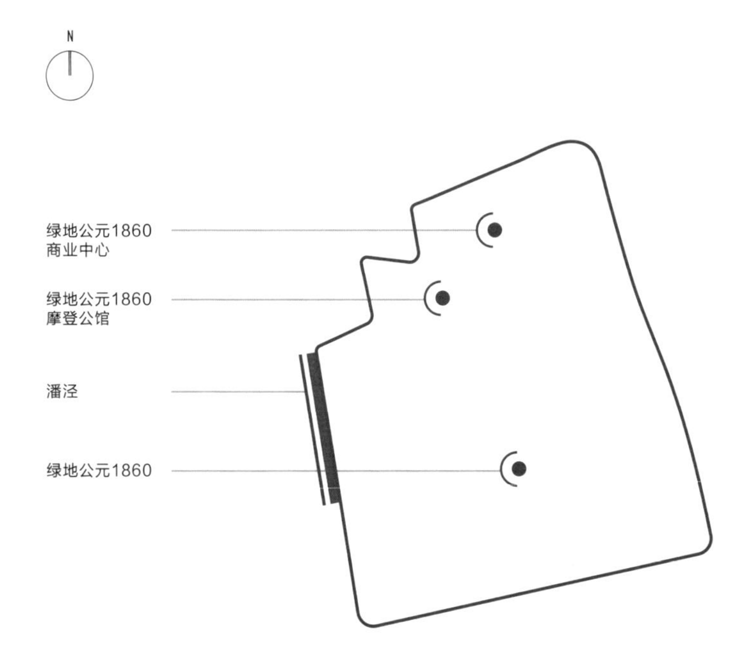

海派印象

11 上海石库门「公元 1860」

11

SHANGHAI SHIKUMEN 1860 AD

上海石库门“公元1860”

2009 A.D.
设计时间 | DESIGN TIME

2011 A.D.
完成时间 | COMPLETION TIME

200 700 m²
建成面积 | CONSTRUCTION AREA

［图 1］
住宅组团的端头户型

公元 1860 的理念诞生之际，适逢上海世博会，笔者提出以上海老里弄文化为基础，取其精华创造一个有个性的新型社区，为业主提供高质量的有品味生活的同时，向世界展示上海独特的居住文化。修新如旧，其切入点在于“还原旧时风貌，创造现代社区”，究其本质，则是还原立面形态和旧时氛围，创造具有品质感和舒适度的现代生活空间。

石库门建筑是海派文化的重要组成部分，也是海派里弄文化中最直观和典型的体现。在很多上海人的心目中，石库门、里弄不仅仅是幼年居住和游玩的场所，更是记忆中最亲切和温馨的生活片段。我们认为将建筑和城市空间结合，还原里弄建筑特有的外部及内部生活场景，唤起群体性的场所回忆是设计重点。同时，我们始终认为里弄建筑作为一种基本的住宅形式，有其鲜明的特点和适用性，针对大部分强调功能使用空间的客户，诸如私密性、起居空间的数量、房间功能的转换性、室内二次设计的普适性等等，仍是必须满足的重点。

“以西为体，以中为实”是石库门建筑的最大特点。石库门的主体结构，其实是完全恪守中国传统院落式样建筑，但其细节，是充满了西方元素；一方面充分利用空间，将中国的一进二进的占地概念，改进为一楼二楼三楼，石库门底层相当于传统中国住宅的第一进，女人小孩都要回避；二楼则为传统的第二进，是女主人孩子老人活动场所，属内帏之地。另一方面，小小一幢石库门所恪守的家族生活秩序，还是中国的三纲五常伦理儒学之道。

传统的石库门建筑属于中西合璧的产物，既沿袭了江南院落民居的空间围合感，又融合了欧式建筑简约的联排方式。“聚族而居，以合为主，分而不隔，互相照应，对外封闭，对内开敞。”南北向长条形的建筑平面将各建筑空间串联起来，两端设置前后庭院，中间设置天井，精心推敲间隙尺度，并辅以精致的小景观，创造宜人温馨的室内外环境。同时通过庭院，使每层主要居室包括起居室和卧室均获得南向采光和良好的通风条件。

［图2］
石库门组团的坊门

我们希望规划肌理充分保留传统里弄住宅的规划特色，以里坊为单位，将整个区域划分为若干个里坊组团，组团之间为公共活动区域。主要的组团结构分为贯穿式和尽端式两种，而贯穿式又有牌坊和过街楼两种形式来分隔。里弄宽度选择主弄6米、支弄4.5米，满足基本的消防、日照等规范条件下，尽可能还原亲切宜人的传统里弄尺度。各组团结构严整明晰，街区空间方正规则，但有规律的组合中又通过不同的景观节点和住宅风格丰富其空间感觉。这样的规划布局将每个区域尺度缩小，使其更具亲和力，利于交流，发挥主弄支弄作为“公共起居室”的作用，充分挖掘里弄中的原有邻里结构，营造充满活力和亲和力的生活氛围。

风格主要体现在立面设计上，设计承袭了传统石库门建筑的红砖墙面、红瓦或灰瓦坡屋面、浅色石材门窗套、深色油漆门等典型特点，修新如旧，但精致的铭牌、门环、壁灯以及石材砌筑小花坛又彰显出浓郁的现代气息。设计在山花、山墙顶饰、栏杆等细节处利用不同材料或装饰纹样进行多样性演变，于规律中寻求丰富的变化。徜徉于里弄的街巷中，两侧的住宅群高低错落，老虎窗、小阳台、精美的雕刻纹样共同演绎着记忆中的石库门风情，似乎时光也穿越到了公元1860。

［图3］
组团建筑立面

左［图4］
传统风貌的
组团建筑入口

右［图5］
组团建筑
内部空间

兴业里

■ 石库门建筑的重要建造特征

石库门门头：石库门门头是石库门住宅最有特色的部位，是中西合璧建筑文化的集中反映，也是近代上海数量最大、普及面最广的居住建筑的显著符号。石库门门头由木门、门框、门套和门楣及门环等组成。

早期石库门门框用江南一带的石料，后期石库门门框改用水泥或汰石子（水刷石）。门套有水泥砌筑的、西式圆壁柱和砖砌壁柱。有的石库门不做门套，仅在门框上方两侧和上方中央做些砖饰，显得简练。门楣是石库门门头装饰的重点，由于受到西方建筑影响，采用半圆形或三角形山花图案装饰，后来逐渐改为长方形的门楣。

前楼：前楼位于客堂上面，最初的老式石库门前楼称为客堂楼，相等于起居室功能，后来由于房屋紧缺，房地产商将客堂楼改为卧室，所以前楼即是二楼正房的卧室。前楼朝正南方，推开窗户是天井的上方，天井的进深加上弄堂的宽度，前楼是房屋间距最大的地方，因此阳光充足光线好。

亭子间：亭子间始于老式石库门后期阶段，单层灶披间（厨房）改为二层楼房，底层灶披间，楼上为亭子间，面积不大，一般在 9 ~ 10 平方米。

灶披间：灶披间即是厨房间，最早老式石库门厨房是单层披，后来叫成灶披间。单层披屋的厨房取消后，改成底层为厨房，二层为亭子间的砖混结构，楼板采用现浇混凝土板，板厚约 80 毫米。

［图 6-7］
还原传统的
立面材料做法

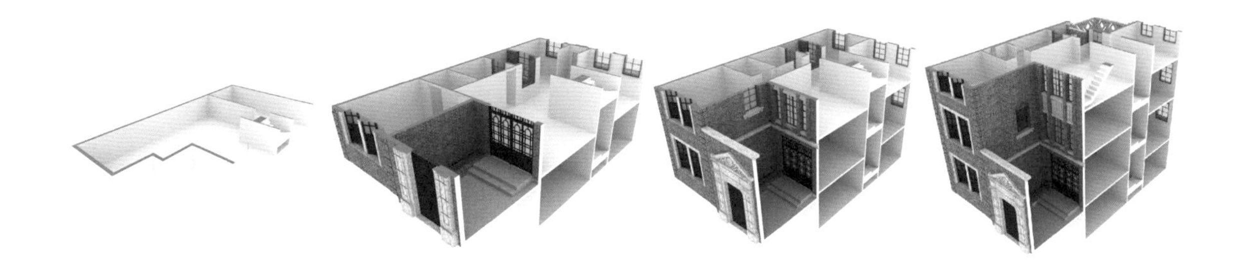

上［图8］
典型双开间户型
空间示意

右［图9］
150m² 过街楼户型
拼接示意

客堂：推开漆黑木质大门，穿过天井迎面即是客堂。客堂是江南民居的厅堂演变过来的，在今日上海周边的古镇还可以看到厅堂的原貌。客堂一般建筑面积在 15 ~ 20 平方米左右，侧门连着厢房，后门连着扶梯间，是整幢房屋交通的“枢纽”。

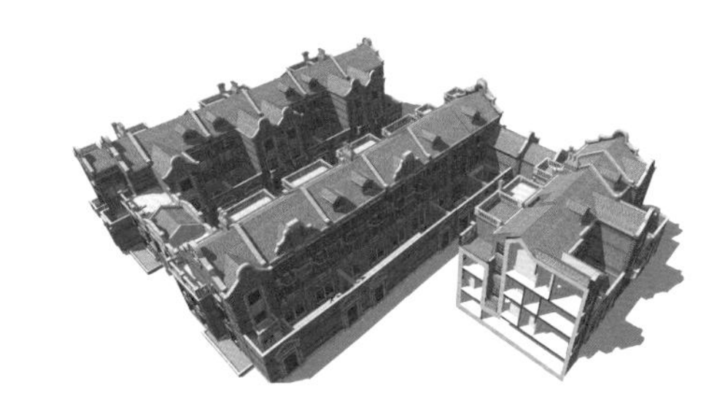

厢房：客堂和前楼的左右是厢房，厢房即是卧室，除了放床和衣橱外，兼梳妆和书房，早期石库门房一般都做飞罩及挂落，由于年久失修，现在很少保留。后期石库门趋于简洁，不再做飞罩及挂落。

［图10］
新建住宅
内部空间

［图11］
住宅组团
内部空间

外墙：石库门建筑外墙常用的建筑材料随着石库门的演变也不同。立帖式木构架结构的石库门，外墙仅起围护作用，为非承重墙，一般用空斗墙。砖混结构的石库门，采用砖墙承重为主，个别部位用钢筋混凝土构件。砖墙的施工和外粉刷，配合建筑的要求，形成多种类型。

① 空斗墙：土坯黄道砖，砌筑成盒状形成空斗，或中空或碎石泥土填充。墙厚一砖或一砖半，砌法有“一斗一皮”“二斗一皮”等。

② 清水墙：机制青砖或红砖砌筑，墙厚一砖半，楼层用一砖。砖块单面外墙砌平，然后加嵌灰缝。清水墙为石库门最常见的外墙。有的清水墙在机制红砖外面砌平后，用铁饱再饱平一遍，这样可以省去外粉刷，然后再嵌灰缝。铁饱清水墙做法，使外墙整洁美观，缺点是机制砖表面受到损伤，容易受阳光、雨水侵蚀，降低了物理性能。

③ 混水墙：砖墙砌筑后，再粉石灰，也有上下两段或全加粉黑灰的，这种做法在老式石库门很普遍。

④水泥外墙：20 世纪初，英国在上海倾销波兰水泥，石库门建筑出现了用水泥代替石灰做外墙粉刷的做法，砖墙能受到较好保护，雨水不易侵入。

［图12］
石库门住宅
北立面

山墙： 山墙位于建筑的侧面，即侧墙。立面由裙肩、上身和山尖三部分组成。石库门山墙千姿百态，风格各异，它遗留着中国传统建筑的要素，又移植了欧洲古典建筑装饰的元素。有的山墙如阶梯，中央最高，逐阶向两边跌落；有的山墙高耸屋面，烟道砌筑在里面；有的山墙水泥压顶仿巴洛克建筑风格，线条柔和。山墙的装饰，使石库门建筑更具有艺术性。

门窗： 老式石库门受中国传统建筑影响较深，一般采用摇梗木门窗。

楼上木窗安装在木槛板上，下截外面是栏杆，里面衬木板壁，夏季炎热天为了通风，可以将板壁脱卸。早期石库门栏杆采用木栏杆，后期改为铸铁或熟铁栏杆。

木百叶窗，西方建筑的装修式样，19 世纪末很风行，后期老式石库门已经采用。安装在玻璃窗的外层，可以遮阳避热和通风。

石库门拼木门，原来实木大门用料 5 ~ 8 厘米厚，虽然坚固结实，但是显得浪费，后期新式石库门大门用料注意精打细算，实木门框镶嵌木板拼装，这种门启闭轻便又省料。

阳台： 石库门山墙上装置阳台均是在新式石库门阶段，因结构上采用砖墙承重，钢筋混凝土梁板可挑出墙面。阳台筑在混凝土平板上，式样也很多。敞开式阳台，除了阳台栏杆外，其他均省略了。包厢式阳台，似剧场里挑出的小包厢，有柱和顶棚。阳台的用料有铁木结合的，也有水泥的。装置的方法大多是挑出，也有利用底层厢房突出坐在上面。阳台的装置，使石库门立面更丰富，居住功能更实用。

[图 13]
住宅组团
内部空间

原型照片
原型照片
原型照片
老虎窗
砖墙窗套
水刷石窗套

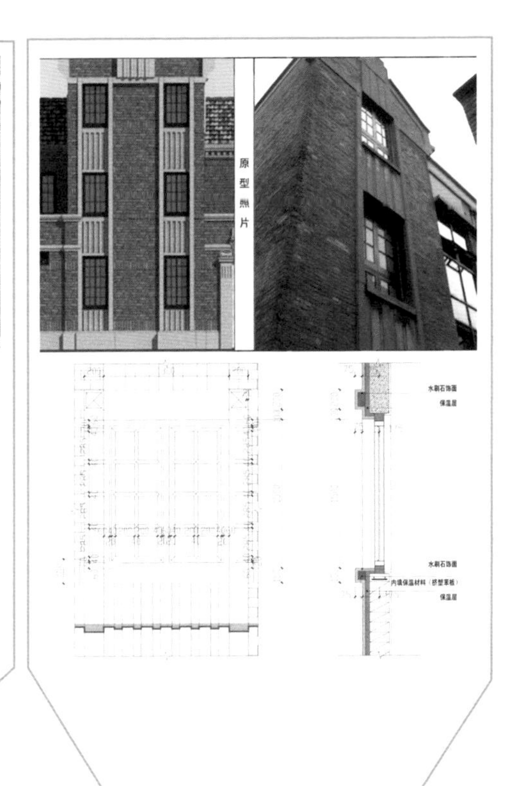

基于对建筑外立面土建部分的有效控制目的，我们提供构造控制手册：使业主、施工图设计机构、工程经理以及分项承包商在土建设计施工阶段有尽可能详尽的成果控制参考。

石库门项目的构造控制基于两个设计原则：
1、尽可能还原原汁原味的老建筑细节，在比例上力求准确，在细部选取上力求丰富而有代表性；
2、探索旧式做法的新材料还原，解决满足现代住宅保温节能安全基础之上的风貌复刻。

［图 14］
典型构造控制

原型照片
原型照片
水刷石栏板
聚贤里

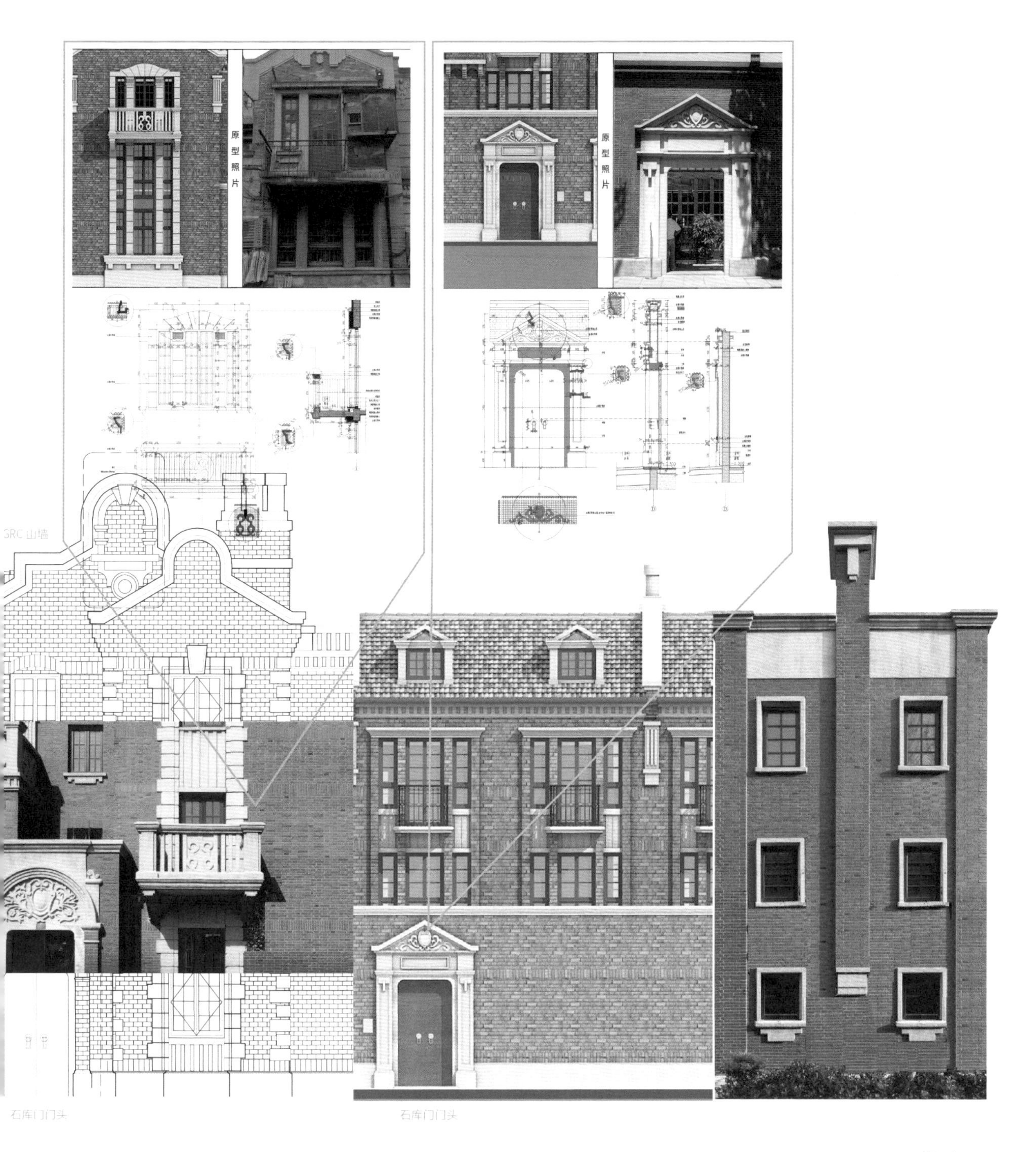

[图 15]
典型构造控制

集贤里

2015

A.D.

设计时间 | Design Time

2016

A.D.

建成时间 | Completion Time

464

m^2

建成面积 | Construction Area

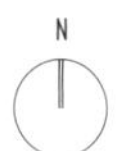

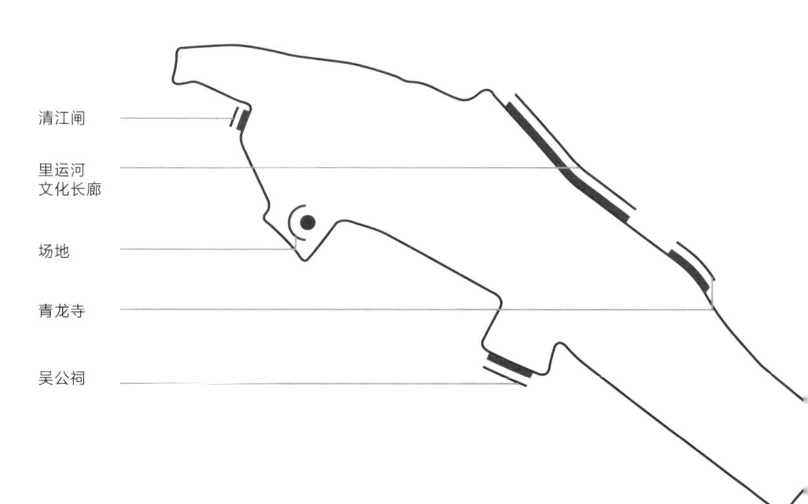

设计团队

交见联合工作室

项目地点

中国 – 淮安

塔湾院浦

12 慈云寺国师塔周边环境提升设计

12

Environmental Improvement Project Around the Guoshi Tower of Ciyun Temple

慈云寺国师塔周边环境提升设计

2015 A.D.
设计时间 | Design Time

2016 A.D.
完成时间 | Completion Time

464 m²
建成面积 | Construction Area

慈云寺坐落于淮安里运河南岸，运河两岸历史上多宗教建筑分布，慈云寺即为其中之一。寺庙中轴线尽端矗立国师塔，体现寺庙规整的形制，而位于运河边作为制高点的塔，同时也成为运河上观光游览的风向标识，以及里运河文化长廊中重要的地标节点。

观之唐代扬州地理形势，长江近在咫尺。为减少长江的直接冲激，北宋真宗天禧年间（1017-1021年）江淮发运使贾宗由仪扬运河和瓜州运河之交汇处扬子桥引江入运，开凿扬州新河，经新河湾，绕扬城南，连接古运河，通向黄金坝、湾头镇东行，史称“近堰漕路”。此举减少坝堰三座，以免漕船驳卸之烦。为减慢水速，新河在扬州城南故意曲折迂回，俗称“三湾”。

明万历十年（1582年）“僧镇存募建浮图七级，因并建寺，俱以文峰名”。三湾遂称“宝塔湾”。

旧时“宝塔湾”一带，河阔地广、林木扶疏、宝塔巍峨、古刹庄严，为乘舟进入扬州城之第一胜景。扬州旧有民谣“宝塔有湾湾有塔，琼花无观观无花”。濒临古运河有勺湖，以水面弯曲如勺得名。

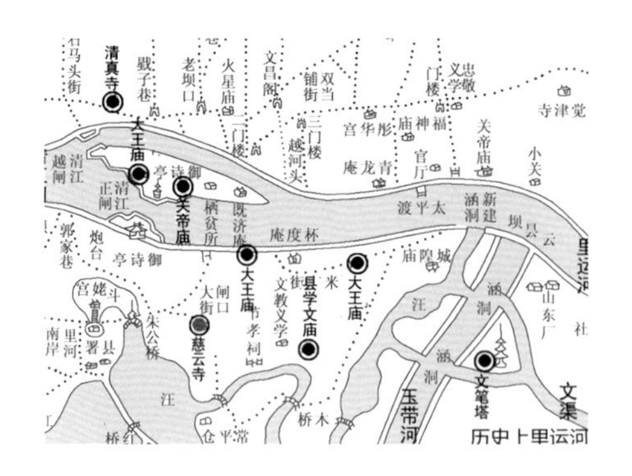

[图1]
慈云寺地理位置
清江闸“五教环伺”

自晋代建城后，环勺湖先后有法华禅院、文通寺、龙兴寺、千佛寺、老君殿等诸多名胜，刘鹗《老残游记》中多有记叙。湖西南巍峨兀立一座文通塔，与淮安府城南门护城岗上的龙光阁南北相应。两处“文峰”，一东南，一西北，为壮淮安一地文风。

自大运河往西北行，约十里即达板闸镇，乃淮安钞关重地所在。板闸再西北约十里达漕运转输重镇——清江浦。因之运河极重之关隘所在，清江闸周遭舟货云集、寺观林立，迄至清末竟形成“五教合一”的巍巍大观。

现如今，清江闸周边的两座塔均已不复存在，而慈云寺国师塔的再建将在新的时代与环境中扮演新的角色。

[图2]
淮安府、板闸镇
清江浦地形走势

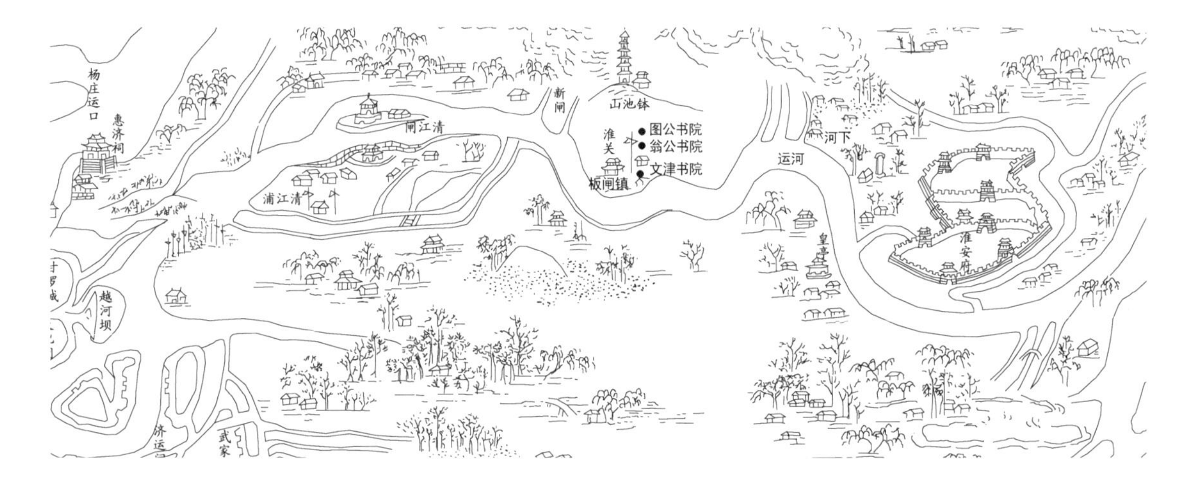

［图3］
建成后
慈云寺鸟瞰

［图4］
建成后
慈云寺鸟瞰

慈云寺，原名慈云庵，始建于明万历四十三年（1615年）。顺治十五年（1658年）顺治帝召当时的武康名僧玉琳进京"慰劳优渥"，送居万善殿，不时前往"临访道要"，"恨相见之晚，特赐号大觉禅师。"后又晋封"大觉普济能仁国师"，名闻一时。康熙十四年（1675年）已近垂暮的玉琳国师只身云游，挂单于淮安慈云寺，八月十日说偈趺坐而逝，为佛法作了最后一次布施，以自己的肉身来兴隆此一方道场。雍正十三年（1735年）以清江浦慈云庵为大觉圆寂之所，诏拨淮关银照大丛林式兴建，置香火地，命内务大臣、淮关监督年希尧督建，钦赐"慈云禅寺"匾额，改庵为寺，至乾隆四年（1739年）大功告成。今日再建之国师塔，即为当年纪念玉琳国师之法王塔，后毁于战火。

本设计通过"院"的引入，对塔周边不规则的城市地块进行划分，使寺庙轴线在塔处发生转折，面向运河和码头，形成开放的城市空间，从而使塔完成"庙之塔"到"运河之塔"的身份转换。

"院"的布局采用阁、房、庭、廊等园林中常用的建筑要素，结合场地中原有古树，运用园林中借景、框景等手法进行组织，为市民游客提供可游、可歇、可观、可避的场所。

塔东侧设一圈空廊，以屏蔽周边商业建筑，且与塔西侧空廊相对，一左一右，分设两座亭子，两处卷棚，布局围而不合。塔西侧增设小园子，保留原有梧桐树，配以奇石。靠近寺庙后墙增设二层小楼，临河面设计一处小阁（仿潘谷西先生的高邮盂城驿鼓楼），如此便与高耸的塔连成起伏的天际线，同时也标识园子的性格。若在此间驻足停留，俯仰之间，塔可入景，河亦川流，妙不可言。

［图5-8］
建成后慈云寺透视

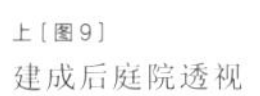

上［图 9］
建成后庭院透视

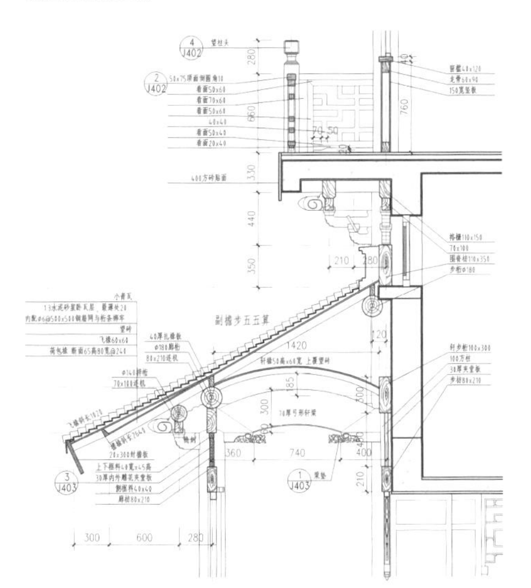

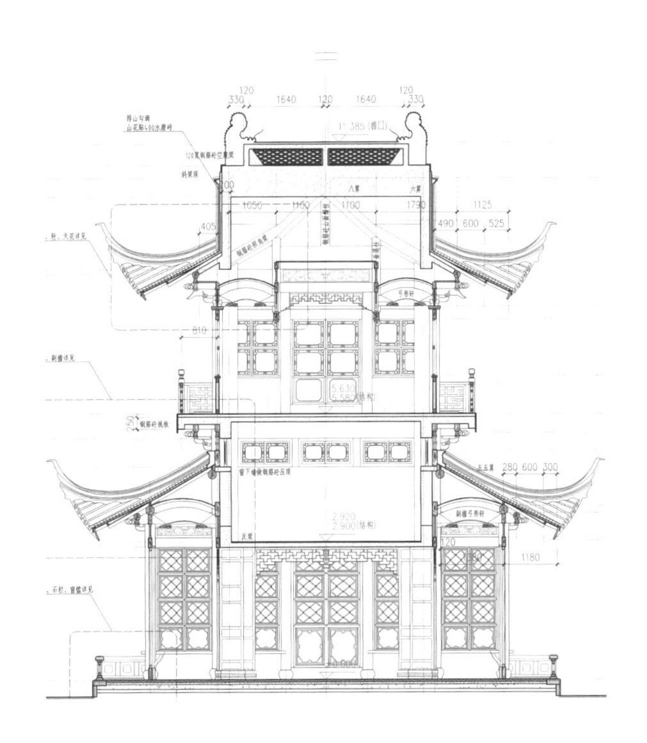

下［图 10-11］
建成后
二层阁剖面详图

2017
A.D.

设计时间 | Design Time

2020
A.D.

建成时间 | Completion Time

3 500
m^2

建成面积 | Construction Area

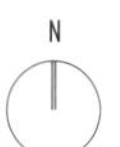

设计团队
爻见联合工作室

项目地点
中国 – 镇江

项目标签
赤山 – 般若寺

丹山禅境

13 般若寺：赤山六度

13

PRAJNA TEMPLE: CHISHAN LIUDU

般若寺：赤山六度

2017 A.D.
设计时间 | DESIGN TIME

2020 A.D.
完成时间 | COMPLETION TIME

3 500 m²
建成面积 | CONSTRUCTION AREA

项目位于镇江市句容区赤山风景区。赤山由三百万年前火山喷发形成的红色砂岩组成，又名赭山、丹山。

般若寺由法忍禅师创建，坐落于赤山山麓，法忍禅师是清末江南禅宗四大尊宿之一，号称智慧第一，曾在中国近代佛教禅宗史上留下重要篇章。般若，即梵语智慧之意。

赤山景区以般若寺为价值核心，以佛法六度为引，登山如禅修，打造智慧禅境。在登山途中设置六个节点，分别以六度命名：

一度：布施，即施舍和给予。

二度：持戒，即持守道德或良善的行为。

三度：忍辱，即面临嗔怒或侮辱时，仍能保持慈悲心。

四度：精进，即做事时要精勤努力去做。

五度：禅定，即排除杂念，锻炼意志，一心利益众生。

六度：智慧，即广泛研习世间一切学问和技术。

第一度布施：以山间废弃旧建筑改造加建为登山客休息的禅茶室，名曰“真水无香”。

第二度持戒：以山间空地建观鸟台（赤山为白鹭聚集地），名曰“止语”。

第三度忍辱：以山内原有兵营改建为休息区，名曰“慈悲社”。

第四度精进：以山顶停机坪作景观改造为佛事广场，名曰“云起”。

第五度禅定：以山顶最高处作眺望亭，名曰“也沧海”。

第六度智慧：以般若寺原址复建仿古宗教建筑。

般若寺场地位于坡地之上，地形环境较为复杂。设计利用原有地形条件，依山就势，形成有机排布方式。并将原有高差由低到高转化为入口山门、天王殿、大雄宝殿以及十方文殊殿所在的四个主要标高，从而完成剖面的竖向空间序列。不断上升的空间使得般若寺的精神不断升华，塑造寺院整体在高度上的气势。

寺庙建筑群按照传统山地寺院因山就势布局，自山门至主殿大雄宝殿暗藏中轴线，轴线在进入天王殿后显现，在天王殿前，中轴线以经幢延伸至山门。大雄宝殿后轴线因地形略作平移，偏至十方文殊殿。建筑群整体分为三大部分。

进入山门后直至天王殿前，将自然环境稍作修整，理水、堆堤，点缀经幢、涵空阁，形成质朴自然的深山古寺氛围。

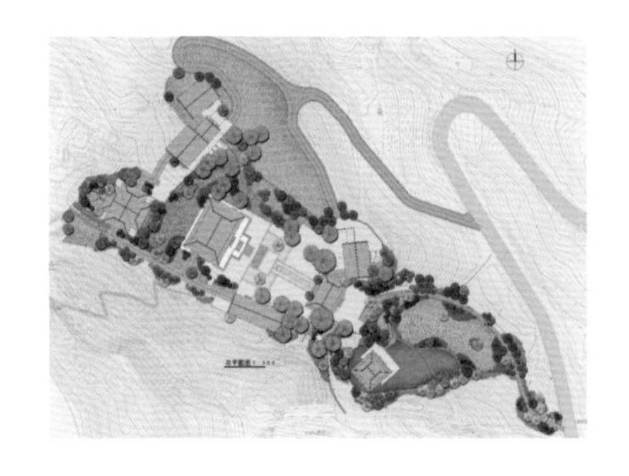

［图1］
赤山六度之
般若寺总平面

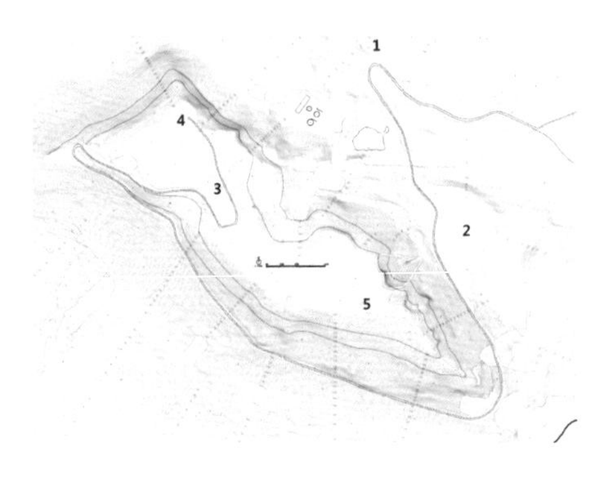

［图2］
赤山六度之
五度建筑定位

[图3-4]
“真水无香”
改造前原状
改造后透视

[图5-6]
“慈悲社”
加建前原状
加建后透视

左[图7]
“止语”
效果展示

右[图8]
“也沧海”
效果展示

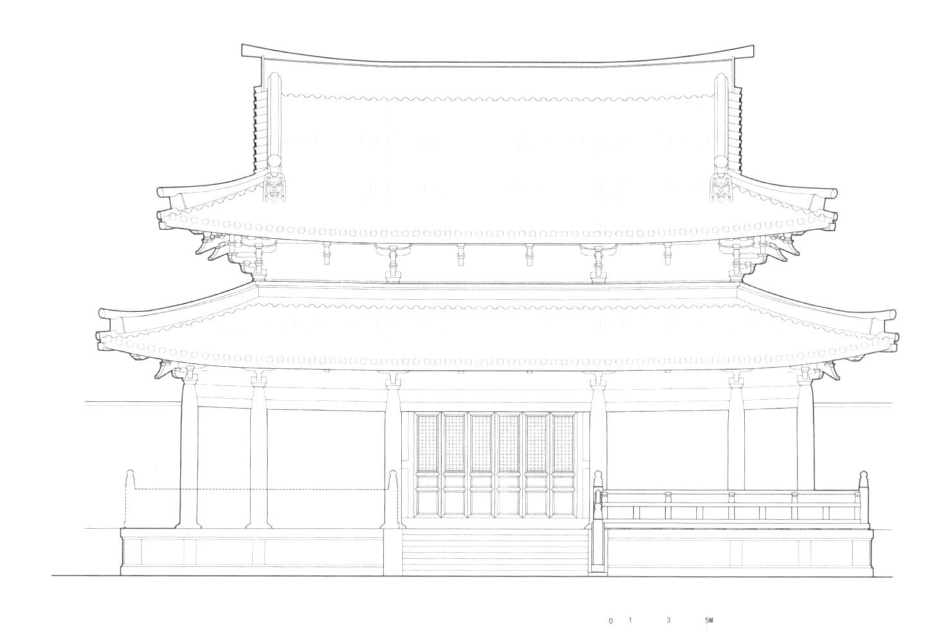

[图9]
改造后
般若寺天王殿
南立面

进入天王殿后至大雄宝殿，为前院，左右根据地形布置辅助用房和法物流通处，保留原有场地中树形较好的古树，形成主要的寺院空间。法物流通处一侧设架空廊道连通单体，并经由天王殿通过连廊连通辅助用房，使得前院完全相连。在辅助用房一侧由于地形高起，山脉延伸半抱自然形成围合聚拢之势，因此暂不赘设连廊。

大雄宝殿后为后院，包括十方文殊殿、丈院、僧寮。三单体并列排布，以连廊相连。

选择以“佛教树种”为主的植物，如七叶树、银杏等。以色叶树种为主，松柏类较为肃穆的树种为辅。同时在入口等重要节点设计种植开花树种。

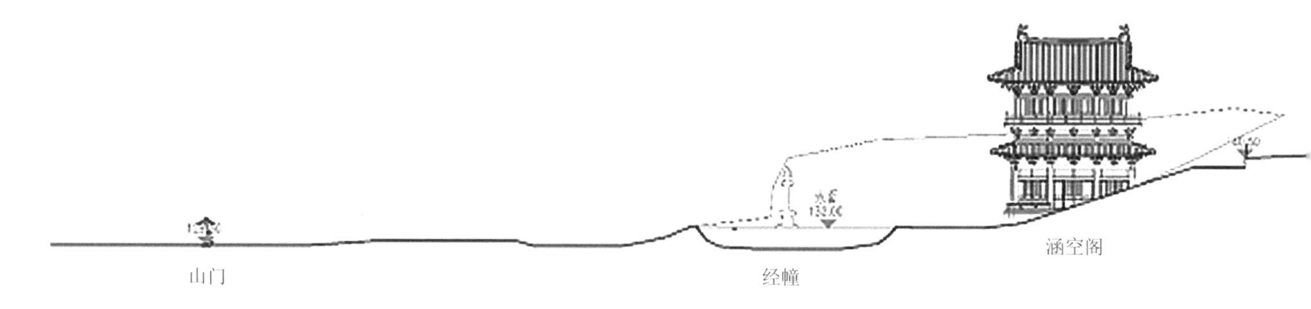

上［图 10］
改造后
般若寺天王殿透视

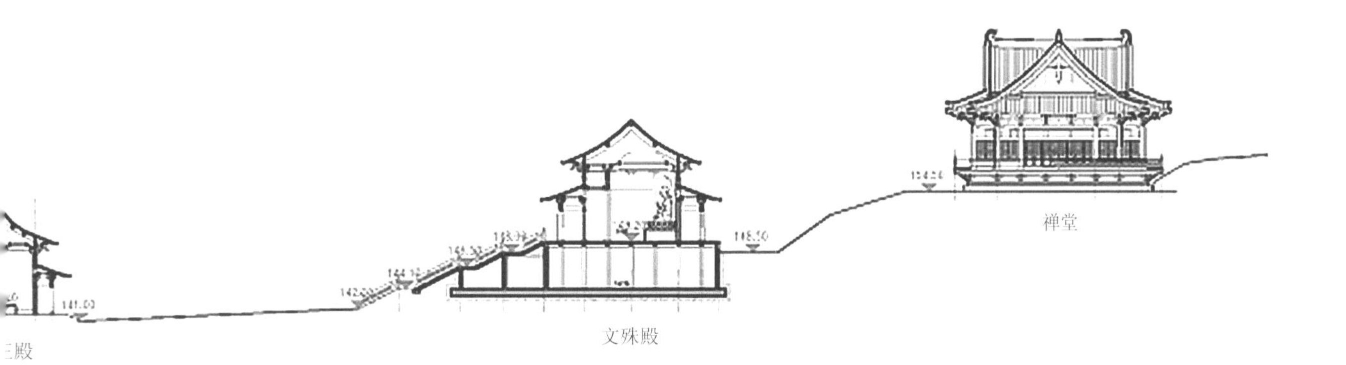

［图 11］
改造后
般若寺
主轴线竖向设计

［图 12］
改造后
般若寺
大雄宝殿透视

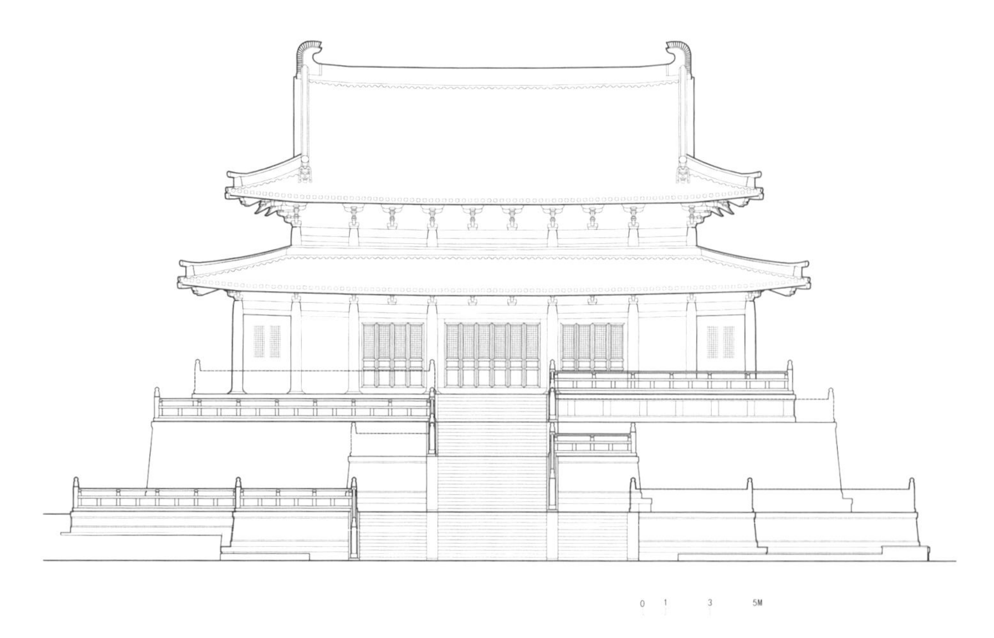

［图 13］
改造后
般若寺
大雄宝殿南立面

［图 14］
改造后
般若寺
十方文殊殿透视

［图 15］
改造后
般若寺
十方文殊殿南立面

「第三章」文旅设计和历史街区

CULTURAL TOURISM DESIGN & HISTORIC DISTRICT

历史上每一个民族的文化都产生了它自己的建筑，随着文化而兴盛衰亡。
中华民族的文化是最古老、最长寿的，我们的建筑也同样是最古老、最长寿的。

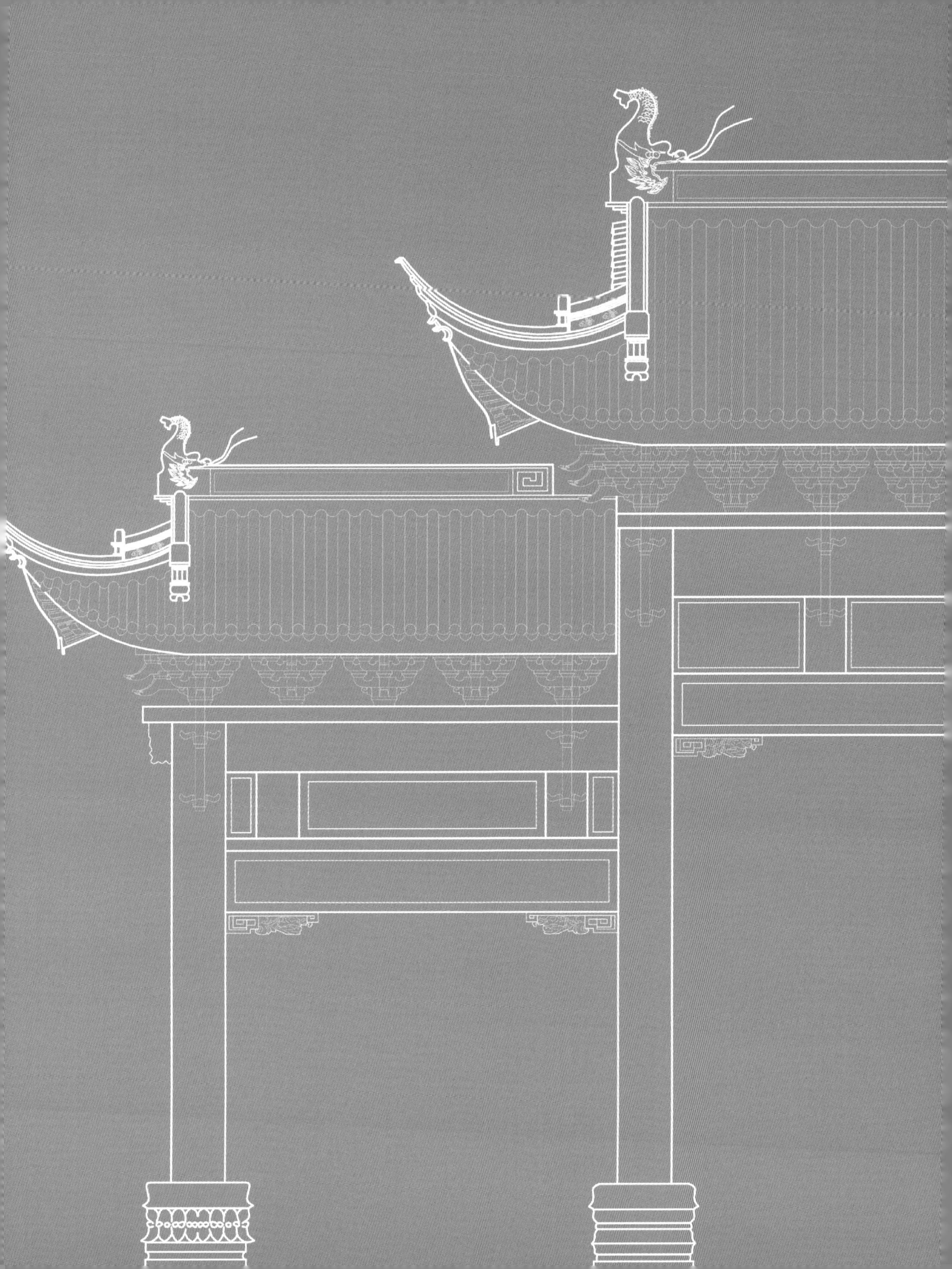

536
A.D.

始建年代 | Earliest Build Time

2019
A.D.

设计时间 | Design Time

2025
A.D.

预计建成时间 | Completion Time

84 500
m^2

建成面积 | Construction Area

设计团队
苏州水石传统建筑研究院

项目地点
中国 – 安徽

项目标签
滁州市 – 金刚巷、北大街

项目业主
滁州市住房和城乡建设局

项目内容
仿古建筑、建筑修缮、环境整治、城市设计

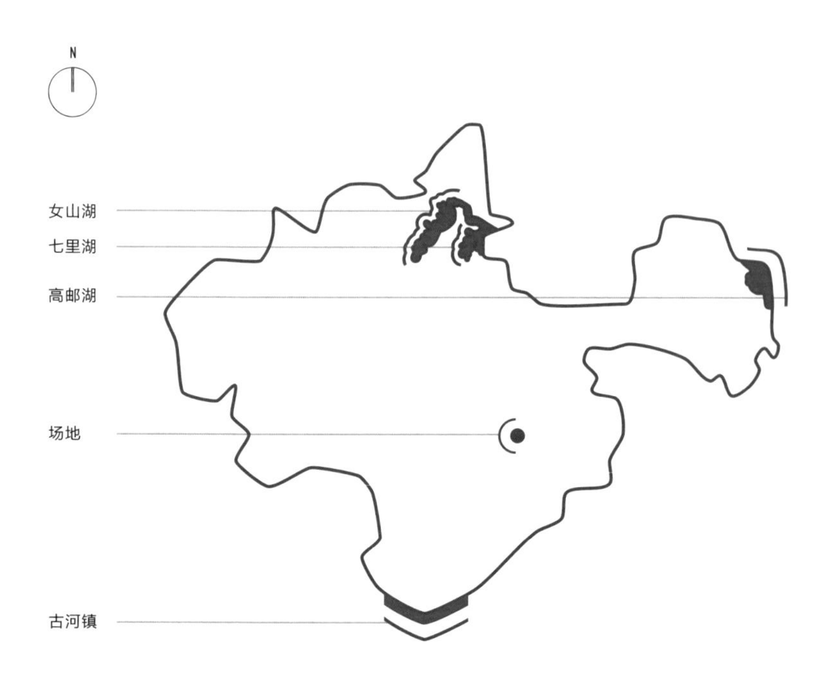

山水瓮城

14 滁州老城区历史文化名城保护更新设计

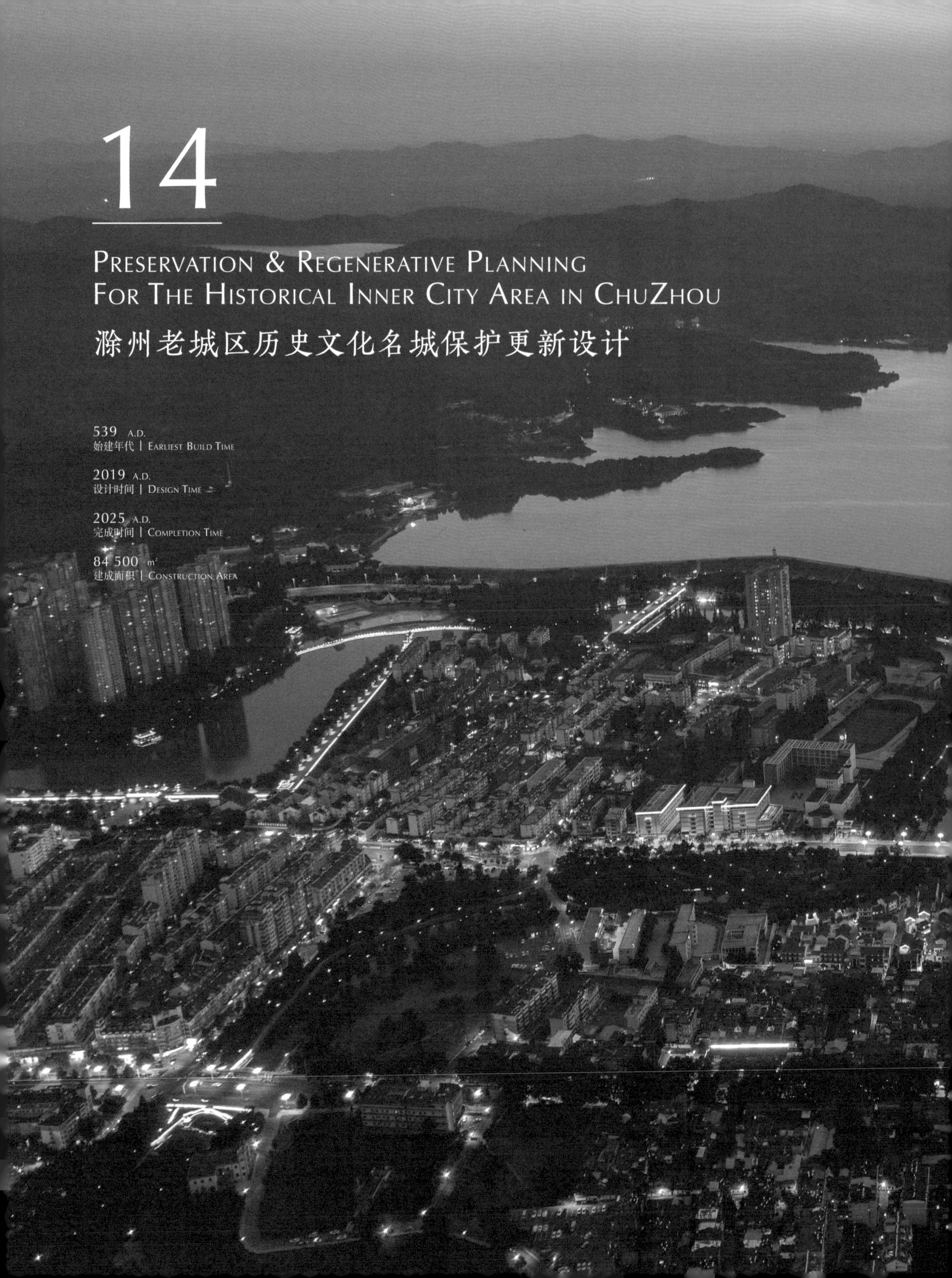

14

Preservation & Regenerative Planning For The Historical Inner City Area in ChuZhou

滁州老城区历史文化名城保护更新设计

539 A.D.
始建年代 | Earliest Build Time

2019 A.D.
设计时间 | Design Time

2025 A.D.
完成时间 | Completion Time

84 500 m²
建成面积 | Construction Area

山－水－城模式是中国人自古以来所追求的居住环境，“人居之处，宜以大地山河为主”，即是对于理想营城式的描绘。

滁州是安徽省最年轻的省级历史文化名城，山川环绕，“双水、双关、双瓮”的明清城池格局保存至今，自然风光秀丽，琅琊山、滁州城、清流河三者相互融合，是山、城、水交织的人居和谐典范。历史资源丰富、人文底蕴深厚，钟灵毓秀、文风昌盛，是名人荟萃的江淮文化名邑。

滁州老城区保护更新项目总占地约9.32公顷，总建筑面积约8.45万平方米。共分两区块，一为北大街历史文化街区，占地面积约6.6公顷，总建筑面积约4.32万平方米；二为金刚巷历史文化街区，占地面积约2.72公顷，总建筑面积约4.13万平方米。

滁州老城区在20世纪70年代仍保留传统的城市格局、街巷肌理和空间布局，建筑单体在结构、材料、构造和工艺上还保留着当地的一些特色。而如今，建设缺少规划的约束和引导，已引发历史格局和风貌破坏、环境形态紊乱的问题。现阶段古城内民居绝大多数作为出租房使用，各项居住指标如采光、通风、上下水、卫生条件均较差，不能满足现代人生活的基本需要，亟需改善。

项目背景：

1. 落实十九大精神、贯彻习总书记关于文化保护传承和城市复兴的重要实践抓手；

2. “城市双修”背景下，古城更新精细化的管控与引导的应对；

3. 保护规划的基础上街区保护更新实施路径的探索与实践。

■ 团队合作：

2019年年底，由中国城市规划设计研究院与上海水石建筑规划设计股份有限公司作为联合体，对滁州老城区的两个历史街区进行保护规划和建筑更新设计。由中规院负责规划层次的设计工作，上海水石负责历史研究工作和具体的建筑、景观、市政等设计，各专业分工明确，有序推进。

在新冠肺炎疫情的影响下，通过多次网络视频沟通，合理安排工作推进，在规定时间内保质保量的完成了设计任务，为整个项目赢得了宝贵的时间，并大大提高了业主对设计单位的信任度。

［图1］
滁州老城建筑细节

［图2］
滁州老城区
保护更新试点区

2019年12月开始对老城区现有建筑进行详细的现场测绘和调研走访，历时40多天，共计投入人力450人次。高效的完成了现场数据采集和调研走访任务，为建筑设计打下了坚实的基础。

2020年年初，特如其来的疫情，挡住了很多项目的进展，滁州项目因春节前现场工作成果完整、资料齐全，很快便开始了设计工作，并于4月份完成了历史研究工作以及初步方案的汇报，于8月中旬顺利通过规委会评审，于10月底完成初步施工图设计。

2020年11月启动试点区的实施工作。实施过程中，很多隐蔽部位被逐步揭开，与前期勘察存在差异，便进一步对现场进行勘察。最终以尊重历史原貌为大原则，调整了部分更新方案，让建筑原貌得以展现。

2021年年初，其他片区在试点区经验的基础上陆续开始实施，目前已初步完成2万多平方米。整个项目计划于2025年完成。

上［图3］
更新后
金刚巷南入口

根据保护规划总的功能定位，将滁州打造成以居住功能为主，兼有文化展示、旅游服务的综合型古城。以居住为主，首先需要提高古城内的人口密度，政府采取了就地安置和就近安置的策略，并制定了一系列的优惠政策和大力的扶持，意愿回迁的人口得到了很好的保障。给愿意在街区生活的居民提供良好的生活环境，提升公共服务与市政服务等级，吸引更多的人在古城生活，提升古城活力。

设计团队根据每户居民的实际情况，实行一户一案，为每户居民解决实际问题。整合优化出80~100平方米的主力居住户型，并考虑到部分家庭人口相对较少，还推出40~60平方米的特殊户型，满足不同家庭的需求。

针对老城区厨、卫、采光困难等的问题，推出了“厨储卫浴，光晒停绿”八字方针，拆除原有私搭乱建的厨房、卫生间等附属建筑，腾退出一定的空间，增设口袋公园及小型集散空间，满足居民的停留、绿化等的需求。利用原有建筑肌理，合理划分户型，补配厨房、卫生间等必要的功能用房，并集中布置污水净化设备或化粪池，解决生活排污等问题。

通过一系列的惠民实施策略，既能很好的保留城市肌理和建筑特色，又能吸引更多的居民生活在老城区，使老城区的生活气息更加浓郁。

改造前

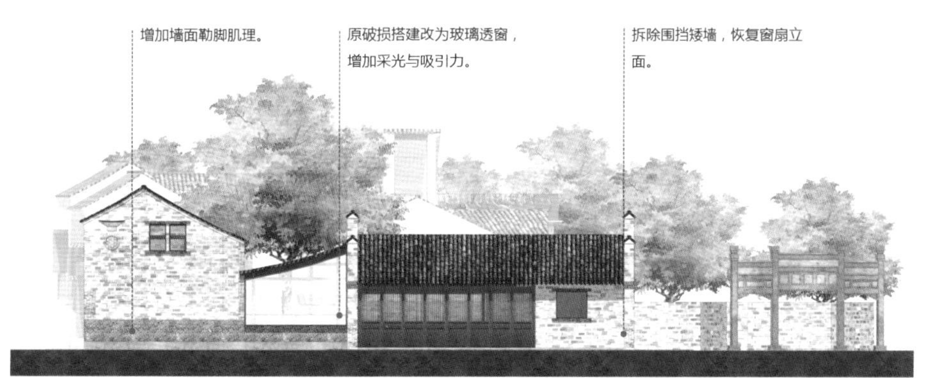

改造后

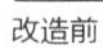

[图4]
金刚巷
改造前后分析图

[图5-7]
更新前后
滁州古城
无人机鸟瞰

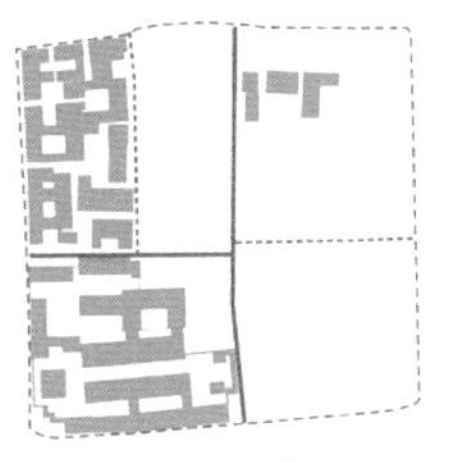

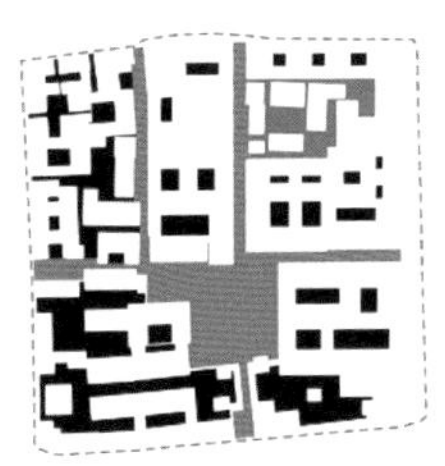

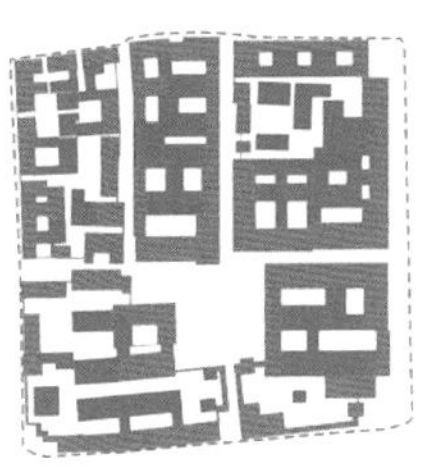

[图8]
改造后
北大街片区
工作组织

以邻里中心建设带动活力复兴，提升居民幸福感。保留居住功能，保护街区的生活延续性。增加公共服务设施。增加社区公园绿地和小型开敞空间。分类管控 + 特色引导：提出不同街巷空间街区的商业引导策略。

衔接古城旅游体系、统筹周边地块满足配建需求。实现街区内部的慢行化；外围结合地块功能增设停车设施和自行车租赁点。完善公交场站和共享单车停靠设施，街道家具设计体现古城风貌。设置旅游大巴停车位，满足片区旅游需求。

拆除违建、风貌不协调的建筑，构建街巷、口袋公园、内院开敞的空间网络。

街巷：以现有街巷为开敞空间骨架，通过铺装、立面形式等手段，凸显传统风貌，提升步行体验。

口袋公园：利用街区内的街角空间和现有广场，设计或提升现有空间，形成口袋公园系统，为游客和居民提供休憩娱乐场所。

内院：在院落内部布置景观植被，丰富开敞空间网络。

通过各专业的努力，消除了结构安全隐患、优化了消防措施、提升了建筑性能、改善了周边环境，使老城区更具活力。

[图9]
更新中
北大街航拍

[图 10-11]
更新后
金刚巷历史建筑

[图 12-13]
更新后
金刚巷历史建筑

2018

A.D.

设计时间 | Design Time

2021

A.D.

建成时间 | Completion Time

529 100

m^2

建成面积 | Construction Area

设计团队

盈石工作室
苏州水石传统建筑研究院

项目地点

中国 – 安徽

项目标签

安庆 – 城市再生

项目业主

安徽省安庆市政府

项目内容

城市设计

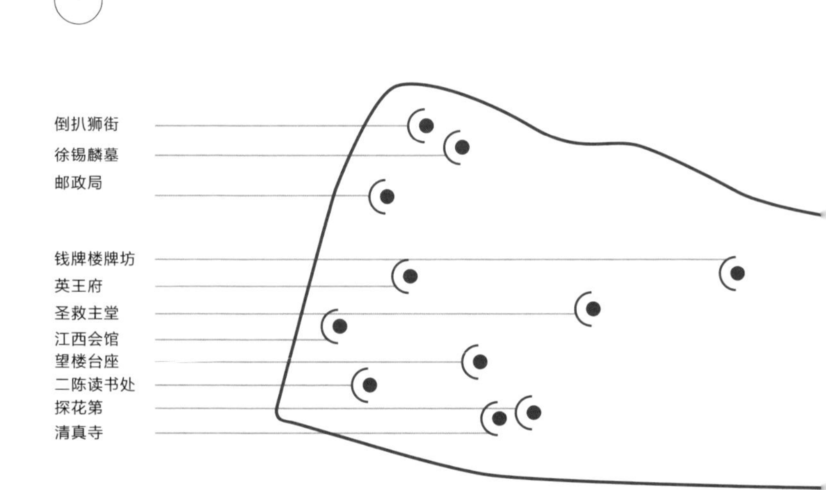

街庆巷安

15
安庆古城历史文化街区城市再生

STARBUCKS COFFEE
STARBUCKS COFFEE
盈生泰
盈生泰

15

Preservation & Regenerative Urban Design For The Historical Inner City Area in Anqing

安庆古城历史文化街区城市再生

2018 A.D.
设计时间 | Design Time

2021 A.D.
竣工时间 | Completion Time

529 100
建成面积 | Construction Area

安庆位于安徽省西南部，得名始于南宋所置“安庆年”，有着800年多的历史。安庆含“平安吉庆”的寓意，因为紧邻长江，坐拥群山，素有“万里长江此封喉，吴楚分疆第一州”之美誉，东晋诗人、堪舆风水家郭璞曾评价安庆为“此地宜城”。安庆在过去800年的历史中，经历过辉煌，也经受过战火，因其易守难攻的地形，清朝时曾是安徽省的首府。

然而随着改革开放的进程，安庆古城似乎步履蹒跚，像个留守的老人，再无法跟上时代的步伐。安庆这个名字，也渐渐淡出人们的视野。曾经的兵家重地、安徽首府，如今的落寞安庆古城。留住老城，唤醒记忆，让古城安庆再现风华!

来到安庆，就像回到久违的幼时奶奶家，让人怀念又留恋。为了留住这种美好情愫，安庆古城区改造再生绝不能大刀阔斧一刀切，而是要像绣花针，在街巷间穿针引线，留存安庆味道，再现文化辉煌。

古城有四条典型老街，倒扒狮街连着国货街、四牌楼街连着大南门街、墨子巷连着清节堂巷、任家坡街，其中以倒扒狮街连国货街形成的“L形街”最为典型。通过对这四条老街的再生研究，制定了“界面整治，流线贯通，风貌协调统一”的改造策略。

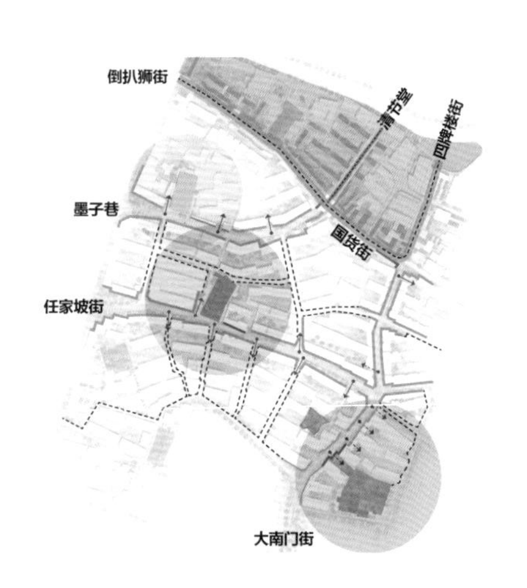

[图1]
清代安庆省城图

整体街区的设计均以安庆的中国历史文化名城保护规划及原则图集为设计依据。以保留保护为主的有机更新、以弘扬非物质文化遗产为主的传承文化、以真正用之于民的改善民生的三大设计策略为指导思想。从市政、安全、建筑、景观、智能、经济六大重组更新体系全方位改善街区整体环境。

项目遵守历史文化街区保护性开发条例，采取留改拆的设计原则，对古木建筑进行复原，老旧建筑立面改造提升。水电气等市政综合管网统一规划，埋地处理，改善街区整体形象环境。

[图2]
安庆古城历史原状

Dates	明代	清代	民国时期	当代	
Years	1368	1644	1911	1949	当前

倒扒狮街		
编号	年代	备注
A-1	近现代	其他建筑
A-2	清代	历史建筑、不可移动文物
A-3	清代	历史建筑、不可移动文物
A-4	清代	历史建筑
A-5	民国	历史建筑、不可移动文物
A-6	清代	历史建筑
A-7	清代	历史建筑、不可移动文物
A-8	清代	历史建筑
A-9	清代	历史建筑、不可移动文物
A-10	清代	其他建筑
A-11	清代	历史建筑、不可移动文物
A-12	清代	历史建筑、不可移动文物
A-13	清代	历史建筑、不可移动文物
A-14	清代	历史建筑、不可移动文物
A-15	近现代仿古	历史建筑、不可移动文物
A-16	清代	历史建筑、不可移动文物
A-17	清代	历史建筑、不可移动文物
A-18	清代	历史建筑、不可移动文物
A-19	清代	历史建筑、不可移动文物
A-20	清代	历史建筑、不可移动文物
A-21	清代	历史建筑、不可移动文物
A-22	清代	历史建筑、不可移动文物
A-23	清代	历史建筑
A-24	清代	历史建筑
A-25	近现代仿古	其他建筑
A-26	近现代	其他建筑
A-27	近现代	其他建筑
A-28	不详	历史建筑
A-29	民国	历史建筑、不可移动文物
A-30	清代	其他建筑
A-31	清代	历史建筑
A-32	清代	历史建筑、不可移动文物
A-33	近现代仿古	其他建筑
A-34	近现代	拆除
A-35	清代	其他建筑
A-36	清代	其他建筑
A-37	近现代	其他建筑
A-38	近现代	拆除
A-39	清代	历史建筑、不可移动文物
A-40	清代	历史建筑
A-41	清代	历史建筑、不可移动文物
A-42	近现代	历史建筑
A-43	民国	历史建筑、不可移动文物
A-44	清代	历史建筑
A-45	清代	其他建筑
A-46	民国	历史建筑、不可移动文物
A-47	近现代	拆除
A-48	近现代仿古	其他建筑
A-49	近现代	其他建筑
X-1	近现代	历史建筑

国货街		
编号	年代	备注
B-1	近现代	其他建筑
B-2	清代	历史建筑、不可移动文物
B-3	近现代	历史建筑
B-4	近现代	拆除
B-5	民国	其他建筑
B-6	近现代	历史建筑
B-7	近现代	历史建筑
B-8	近现代	其他建筑
B-9	清代	历史建筑、不可移动文物
B-10	清代	历史建筑、不可移动文物
B-11	清代	历史建筑
B-12	近现代	拆除
B-13	近现代	其他建筑
B-14	近现代	其他建筑
B-15	清代	历史建筑
B-16	近现代	历史建筑
B-17	近现代	其他建筑
B-18	民国	历史建筑
B-19	近现代	历史建筑
B-20	近现代	其他建筑
B-21	清代	历史建筑
B-22	近现代	其他建筑
B-23	近现代	其他建筑
B-24	清代	其他建筑

四牌楼街		
编号	年代	备注
C-1	近现代	其他建筑
C-2	近现代	历史建筑
C-3	民国	不可移动文物
C-4	民国	历史建筑
C-5	近现代	其他建筑
C-6	近现代	其他建筑
C-7	清代	历史建筑
C-8	清代	历史建筑
C-9	近现代	历史建筑
C-10	近现代	其他建筑
C-11	近现代	历史建筑
C-12	民国	历史建筑
C-13	近现代	其他建筑
C-14	近现代	其他建筑
C-15	近现代仿古	历史建筑
C-16	近现代仿古	其他建筑
C-17	近现代	其他建筑
C-18	近现代	其他建筑
C-19	不详	其他建筑
C-20	清代	历史建筑
C-21	近现代	历史建筑
C-22	清代	历史建筑
C-23	近现代	其他建筑
C-24	近现代	其他建筑

［图3］
倒爬狮历史文化街区各时期代表性历史建筑

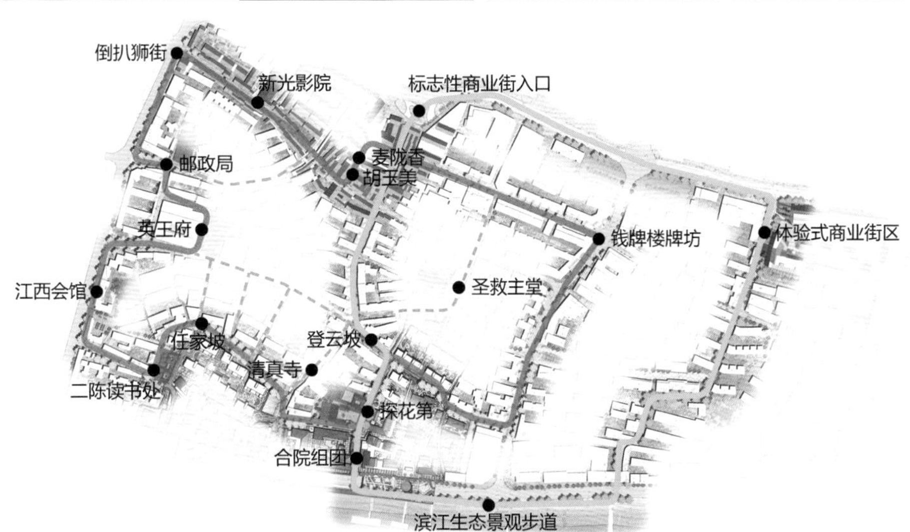

［图4］
街区平面分析

在安庆古城历史街区，你可以看到典型民国风建筑与中国古典建筑在一条街上和谐并存；也可以看到天主堂和清真寺共沐朝阳；体会走过狭长的“九头十三坡”豁然见长江的开朗。安庆是个包容的城市，800年的历史不同的文化在此交织与碰撞，形成了独特的“安庆文化”。

设计师结合安庆文化历史，从民生、产业、文化三个维度分析安庆古城现状矛盾，针对性地提出了“八大设计体系导则”，进行“穿针引线”式的改造。

设计师将安庆古城历史街区空间体系分成了“街巷体系”“院落体系”“建筑体系”“组团体系”，分别从四个方面入手研究，尊重并还原安庆盛景。

设计师结合现状历史文化要素分布，规划安庆古城历史街区“双游径”系统，组织“历史 + 现代”两条路线，期待人们能体验到不一样的安庆古城。

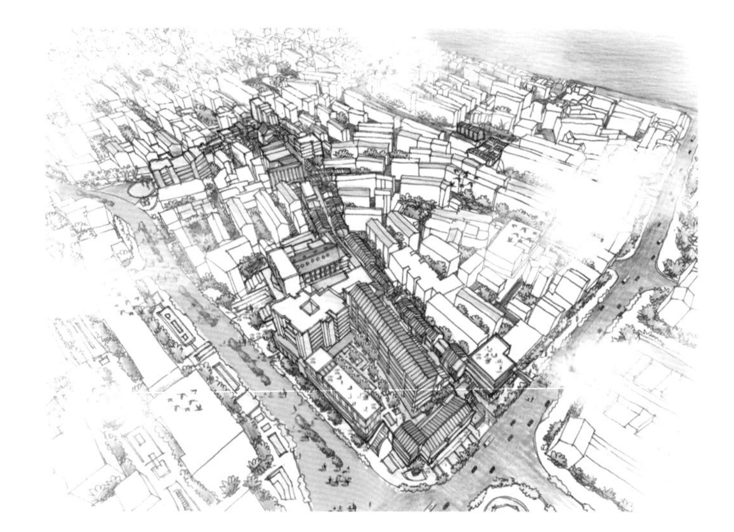

[图5]
街区夜景鸟瞰

左[图6]
街区手绘鸟瞰

右[图7]
建成后
实景鸟瞰

L 形历史街区是安庆第一特色商业街，街区北临人民路，西靠龙山路，由倒扒狮街、国货街、四牌楼街组成，有着 400 余年的历史，遍布百年老字号。历史街区空间的复原修复基于人的感官体验，对界面现状进行了保护修缮、整治提升，"整旧如旧"的改造。

［图 8］
规划平面图

项目总占地约 2.24 万平方米，街区总长 440 米，共有古木建筑 65 栋，建筑面积约 1.25 万平方米。非木建筑 33 栋，建筑面积约 1.65 万平方米。

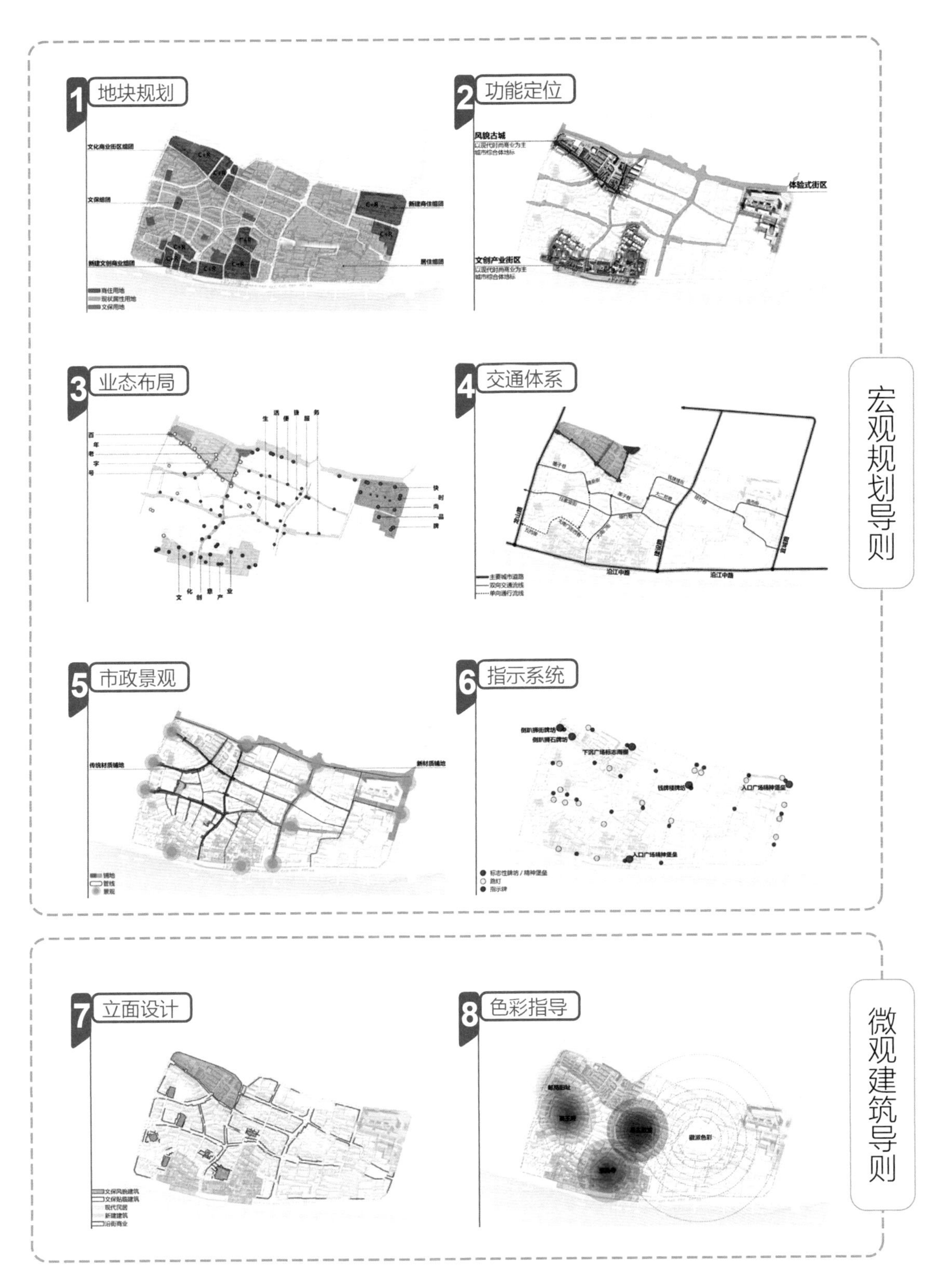

1 地块规划
2 功能定位
风貌古城
体验式街区
文创产业街区
3 业态布局
4 交通体系
沿江中路
5 市政景观
传统材质铺地
新材质铺地
6 指示系统
宏观规划导则
7 立面设计
8 色彩指导
微观建筑导则

[图9]
古城再生规划导则

［图10］
改造后
四牌楼街立面
展开效果

［图11］
改造后
倒扒狮街街区效果

[图 12-13]
改造后
国货街
典型立面效果

安庆四牌楼街道上有着数个百年老店，然而商业界面混乱、缺少展示橱窗、传统立面保存差。针对此问题，设计重新梳理商业界面，复苏百年老店，从地面、立面、屋面三大界面入手，对老旧小区进行综合整治。

通过修复建筑小青瓦屋面，恢复马头墙，重新粉刷墙面，根据历史资料考证，还原历史盛景之时建筑样貌，更换破损木料，重做传统木门窗。

统一规划店招位置，将空调外机等设备隐蔽安放，美化建筑周边环境，增设外摆区域整体改造，重现热闹繁荣的景象。

倒扒狮鸳鸯棚
胡開文
墨
墨如泉涌
揮筆長龍
19
恆源祥
稻香村

［图 14-16］
更新后街景

［图 17-18］
构造细节

［图 19］
街区和城市主骨道接口

［图 20］
核心街区实景

人民电影

布
萬國山川藏彩綫
四時花鳥貯金針
大風滙館
5

交通銀行
交
BANK OF
随心阁
聚一堂
木易
手工
恒源祥
家興人興萬業興

超港
SUPERBAKERY
午餐
午休
三心中学部
教室出租

倒扒狮
女驸马
倒扒狮步行街
温馨提示
此处严禁停放
自行车 电动车

1575
A.D.

始建年代 | EARLIEST BUILD TIME

2019
A.D.

设计时间 | DESIGN TIME

2021
A.D.

建成时间 | COMPLETION TIME

79 934
m^2

建成面积 | CONSTRUCTION AREA

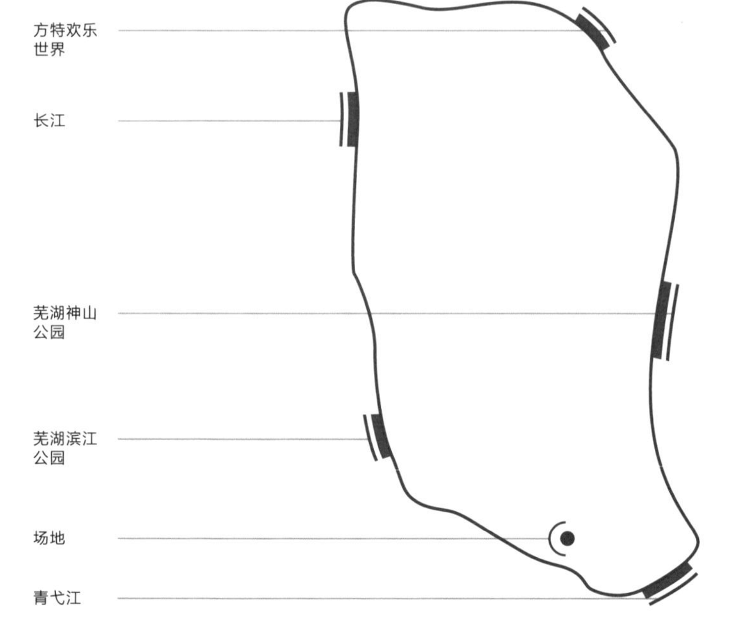

设计团队
上海水石景观

项目地点
中国 - 安徽

项目标签
芜湖 - 芜湖古城

项目业主
安徽置地投资有限公司

项目内容
景观环境改造设计

江河市街

16 芜湖古城城市更新景观环境设计

16

Regenerative Urban Landscape Design For The Historical Inner City Area in Wuhu

芜湖古城城市更新景观环境设计

明代万历三年
始建年代 | Earliest Build Time

2019 A.D.
设计时间 | Design Time

2021 A.D.
完成时间 | Completion Time

79 934 m²
建成面积 | Construction Area

花街
Lantern Alley
耿福興
美食体验店
芜湖名小吃
皖美好味道

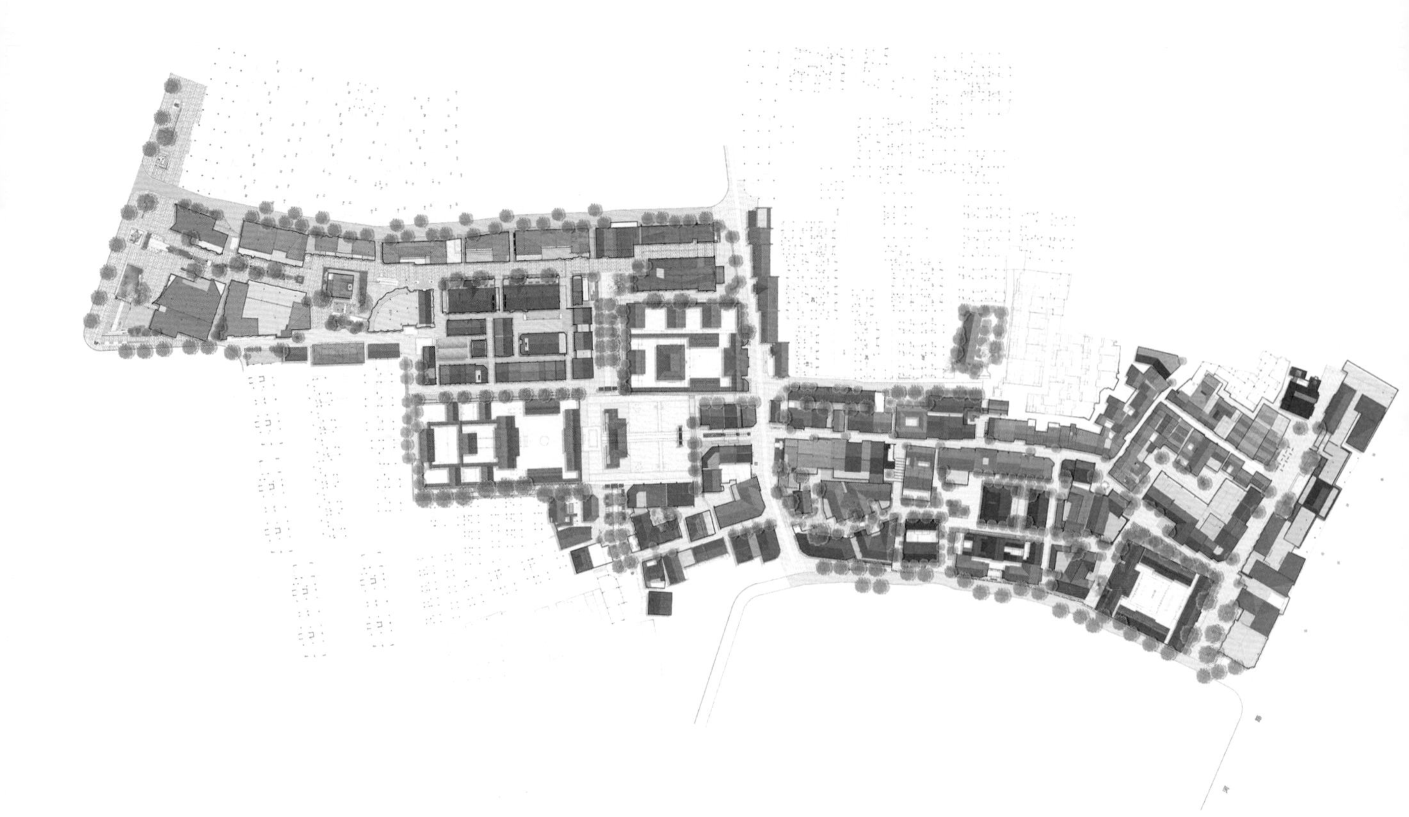

［图1］
古城平面图

芜湖是一座历史悠久的古城，是历史文化的载体，蕴涵着诸多的传统文化因素。我们探索场地内的每一条巷道每一处空间，从历史中寻觅灵感，织布街巷空间，保留原始树木，发掘场地文脉与当下生活的人们的关系，以“古今共融，复建再生”为主要理念更好的为芜湖古城注入新的活力，打造一座活起来的新芜湖古城。

■ 仿古至今：

芜湖于北宋政和五年（公元1115年）建城，现存的古城始建于明代万历三年，清代与民国时期又进行了多次修复。它至今任然完整的保留着建制与布局，行政、军事、司法、宗教、教育等机构一应俱全。

项目初期我们进行了深度的调研，仔细研读原有的空间架构，发现古城经过数个世纪岁月的洗礼，原场地内建筑损毁情况严重，且空间上已无法满足现代的城市需求。在古城改造前，这些遗迹遗存当何去何从，又如何在新城中焕发光彩，是一个首要的问题。

芜湖不仅是一座古城，更是一个当地居民朝夕与共的地方。经过团队仔细的研讨，我们决定以“古今共融，复建再生”为主要理念来重新诠释古城的当代再生。

设计团队从再现遗存文化，融入现代城市生活出发，以梳理巷道空间、场地原始树木保护、新旧材料结合为主要的三个设计方向，利用“织补，共生”的手法展开综合性设计。

［图2］
古城鸟瞰

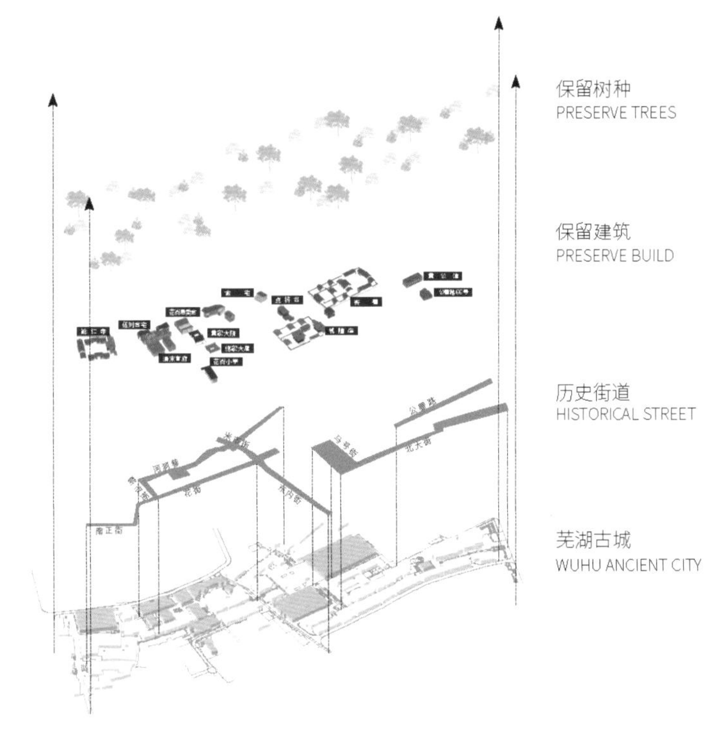

［图3］
古城历史
肌理分析

MASION
ROUNDED
手打

左［图4］
小吃街
实景

右［图5］
景观构架细节

■ 置陈布势：

策略1：梳理巷道空间

古城遗存着数十条尺度规模不同的街巷，仍保持着明清时期的整体格局，保留着传统的商业风貌。贸然改变街道尺度及走向必然会影响整体古城的格局布置。为此我们考证了历史并结合交通流线及周边业态，使每个新的设计元素恰到好处的存在于整个历史空间的叙事中，并满足不同街巷空间的需求。通过为还原历史和塑造新的活动空间，使人们可以更好的享受场地，并感受场地内的文化脉络。

策略2：场地古树保护

在项目初期，场地内的众多古树名木对我们影响很大。我们与业主方施工方合作逐一记录每一颗古树点位并保护起来，保全古城的历史感，实现植物和场地的共生关系，让它们在场地开放后可以继续见证古城的延续。

策略3：新旧材料结合

古城改造的过程中社会各界也努力参与。艺术家应天齐发起的千人“拣砖”活动为古城的建设提供了大量的灵感，我们将旧材料与新材料结合到一起，运用到建筑立面、景墙、铺装及陈设，并且在修建的过程中，邀请当地工匠使用传统方法重新砌筑，让它们重新焕发生机。

■ 妙笔筑典：

来凤门：芜湖古城旧时是四大米市之首，离不开漕运带来的红利，我们用抽象的船型雕塑结合水系作为古城轴线的开端，以此来纪念漕运对这座城市的贡献。

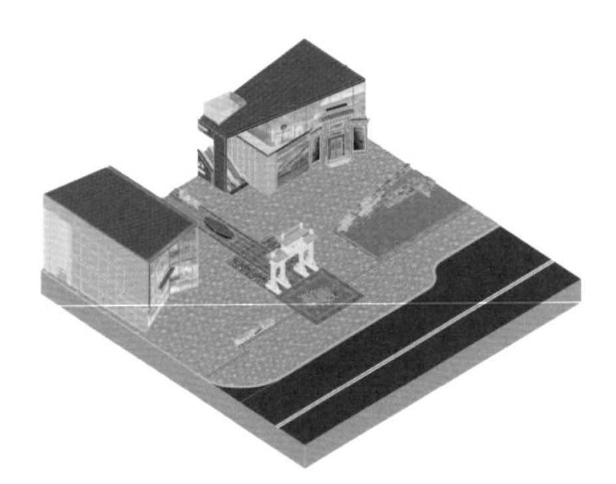

上［图6］
来凤门
实景

左［图7］
公署路66号
实景

右［图8］
来凤门
轴测图

上［图9］
清末官府
实景

清末官府：清末官府门是古城内不可多得的广场型空间，设计以现场的两颗原生大树展开，通过铺装水景等方式来交织，打造舒适的停留空间。

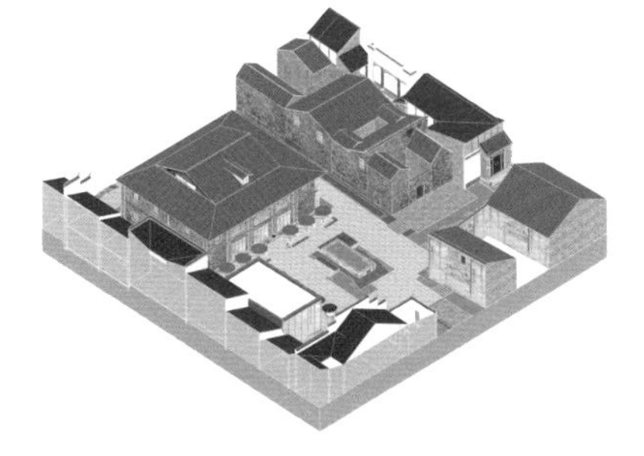

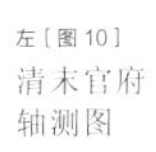

左［图10］
清末官府
轴测图

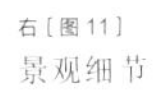

右［图11］
景观细节

花街：始建于北宋初年，过去是古城内最重要的商业街道，两侧汇集了众多当地老字号商户。我们在这里真实还原了街道的肌理。结合装饰布品、特色传统业态共同营造沉浸式体验，力求让走进古城的游客市民能拾起过往的回忆。

上［图 12］
花街口
实景

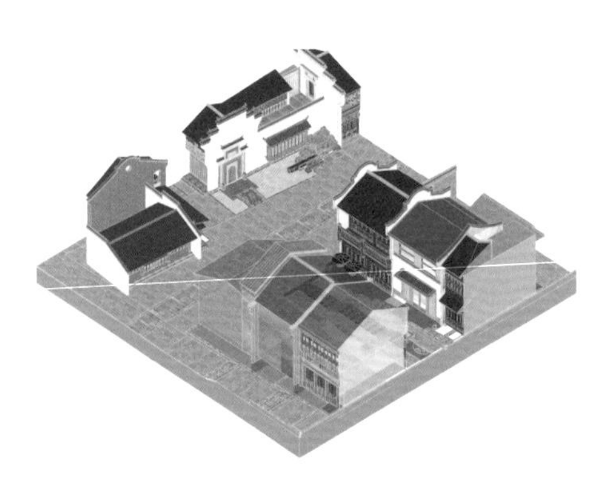

左［图 13］
花街实景

右［图 14］
花街口
轴测图

上［图 15］
长虹门
实景

长虹门：气势恢宏的长虹门是古城内标志性建筑。我们利用场地的高差以及与周边建筑的围合关系设计了台阶旱喷等装置，打造一处小型的城市广场，与艺术家合作进行公共艺术分享、交流文化。

小天朝：是古城内的开放休闲空间，我们根据历史文献复原原始街道路径，并用当地石材铺设。轻松的设计为古城带来一片悠逸的阳光草坪。

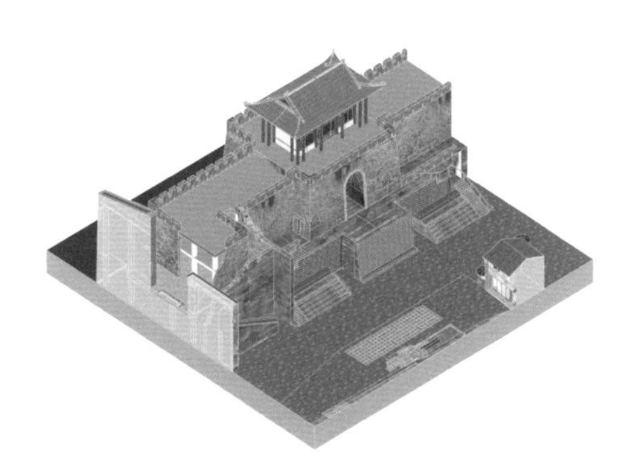

左［图 16］
长虹门
轴测图

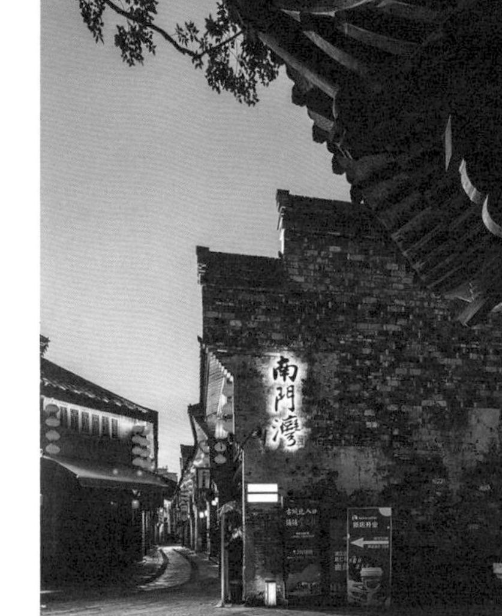

右［图 17］
南门湾
实景

南正街
Nanzheng Alley
芜湖国际精酿
啤酒节!!
07.22
07.24
长虹门滨江平台
TOP FEST
繁华已现
君归古城

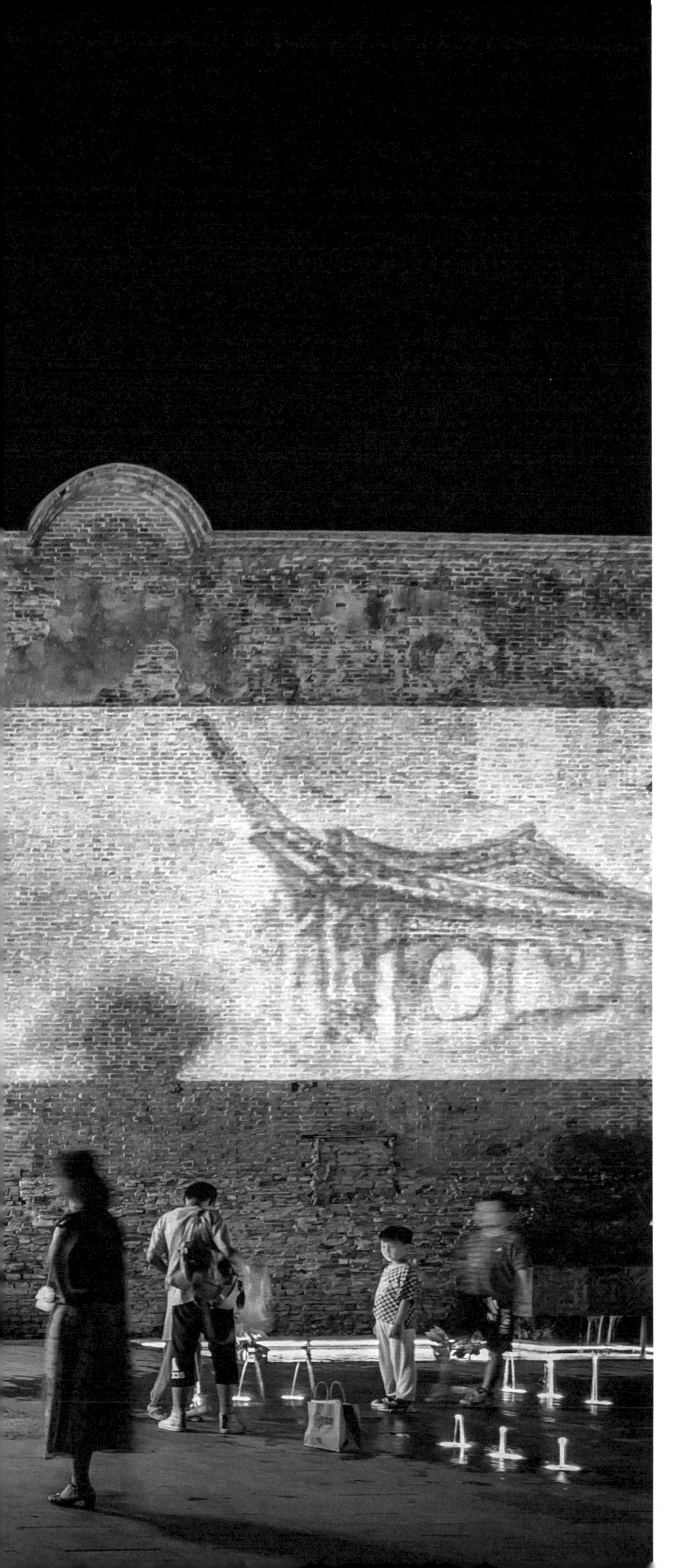

■ 游目骋怀：

丰富的场地也为古城运营提供了无限的可能，多样的活动同时也赋予古城更多的活力。我们希望通过设计还原历史面貌，将历史文脉及现代生活在场地内有机融合，让古城成为展示芜湖历史文化的重要场所，成为活着的文化遗产，使芜湖古城再现世纪沧桑后的芳华活力。

adidas
天

STARBUCKS COFFEE
BURGER KING

2020
A.D.

设计时间 | Design Time

2021
A.D.

建成时间 | Completion Time

3 697
m^2

建成面积 | Construction Area

设计团队

深圳水石、苏州水石传统建筑研究院
上海水石景观、水石设计米川工作室

项目地点

中国 - 云南

项目标签

昆明 - 乌龙古渔村

项目业主

昆明华侨城美丽乡村发展有限公司

项目内容

历史村落保护更新、古建筑保护、环境整治

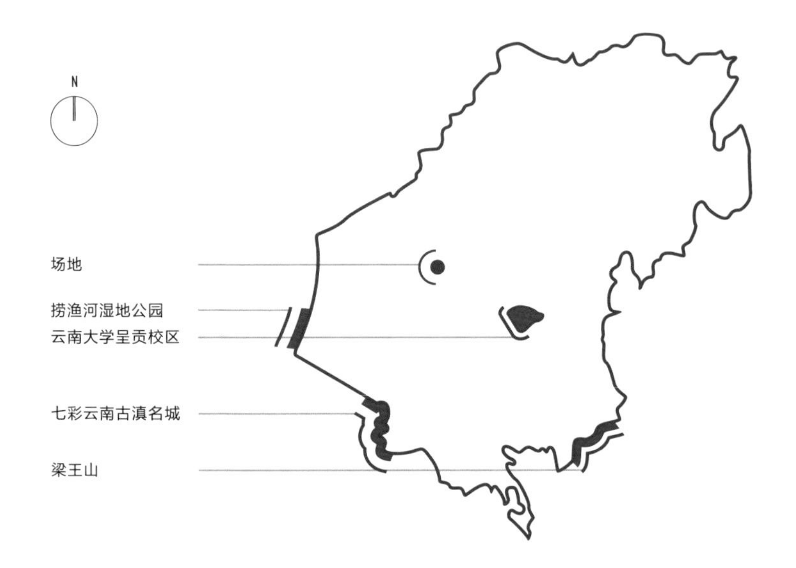

古村新韵

17 乌龙古渔村保护与环境治理项目

17
THE ANCIENT FISHING VILLAGE OF KUNMING
乌龙古渔村保护与环境治理项目
明代初期
始建年代 | EARLIEST BUILD TIME
2020 A.D.
设计时间 | DESIGN TIME
2021 A.D.
完成时间 | COMPLETION TIME
3 697 m²
建成面积 | CONSTRUCTION AREA

昆明乌龙古渔村（下文简称乌龙村）位于云南省昆明市呈贡区滇池东岸，至今约有600多年历史。整个村落西倚七星山，由西向东缓坡而下，村落的最低处即为村中部。村内原有渔港，为原内港区域，是呈贡八景之一“渔浦星灯”的场景所在地，也是昆明传统文化腹地和文化记忆的传承地。在这个紧邻着呈贡新城的古村里，奇迹般地保留着清代、民国时期的古建筑共计270余栋。

项目所处位置位于滇池一级保护线内，这种类型的古村落在昆明只存有两处了：乌龙村和海晏村，相较之下乌龙村与城市的关系更为密切，正因如此我们可以真实的感受到，乌龙村的保护对于这个城市的意义。

然而，村落的保护和后续的利用如何平衡政府、建设主体、社会舆论等诸多参与方的诉求，成为需要思考的另一个重点。政府有着对于滇池的保护、对于传统村落的保护和片区激活以及乡村振兴实践的需求；社会大众希望历史记忆得到保留和重现，也希望有多元化的旅游产品和体验；建设主体希望通过传统村落的保护，竖立此类文旅项目的标杆。

所以在规划设计中主要有三个重难点，一是政府倾向于历史文化保护向的做法，单纯保护难以支撑项目巨大的投入；二是现状建筑空间肌理已被严重破坏，单维度保护难以塑造高品质风貌效果，也难以满足项目未来运营要求；三是设计需在保持传统风貌的基础上避免千篇一律，工作量巨大。带着这三个重难点问题，设计师对村落的前世今生进行了深度研究，决定以“轮回”的设计理念，重现村落丰富的历史图层和生活记忆，重新焕发村落的活力。

左［图1］
改造中的乌龙村
鸟瞰七星山和滇池

右［图2］
以云南传统
千格式建筑为原型
织补的“茶亭”

在初期的乌龙村整体规划中，我们致力于恢复村落的原始肌理，通过价值评估选择保留重要的公共节点与历史街巷，并且把“价值评估”融入到了现状勘察的工作中。对现状的每一栋建筑进行了详细的勘察和测绘，并且一一建立了档案，详细记录了建筑的年代、质量、结构、风貌、环境、核心价值要素等信息。

这些信息，为后续的修缮和改造设计工作提供了可靠的依据，根据价值判断确定整治措施和力度做到历史文化价值的最大化的保护的同时最大化的通过改造更新解决现状问题。并且后续对整个施工过程进行了深入的工艺控制。

［图3-5］
施工过程中
当地工匠采用传统工艺
进行加工和施工

［图6］
织补建筑
外装做法示意

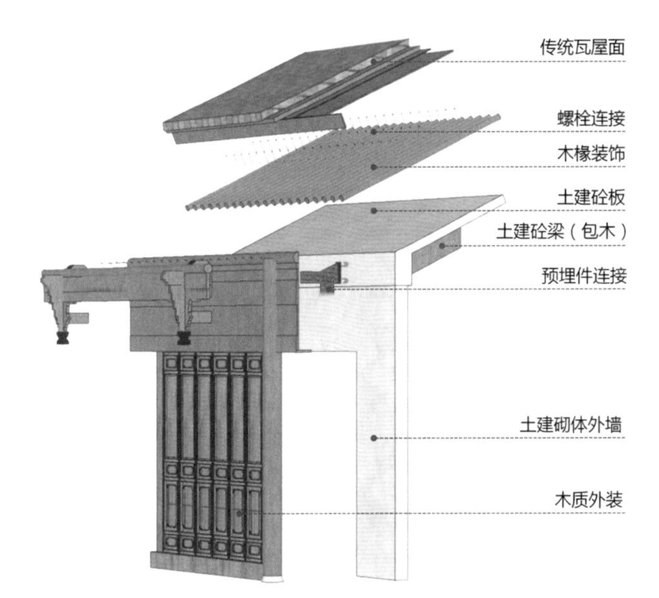

［图7］
织补建筑
部分墙身布点

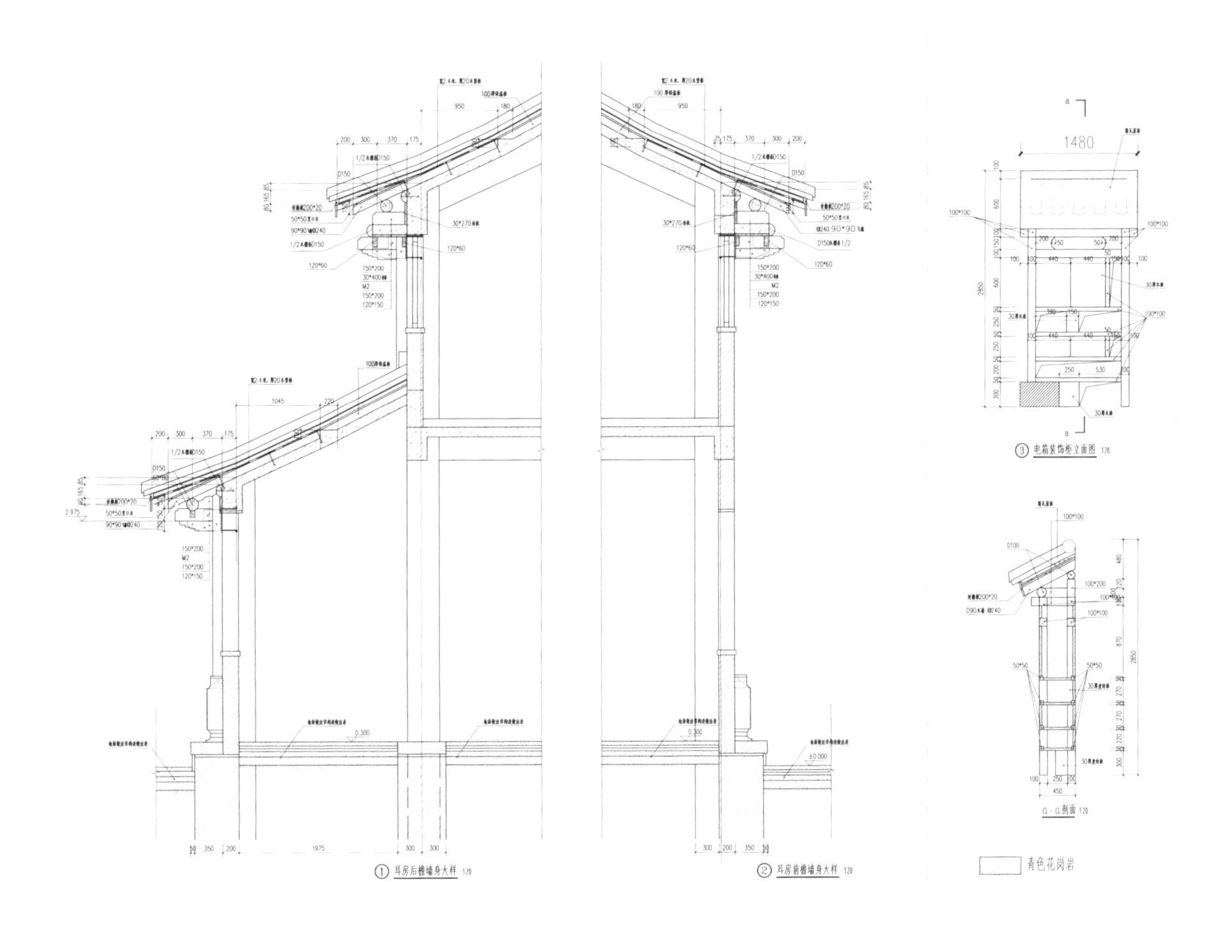

村落整体的保护更新是一个漫长的过程，先期实施的启动区，作为先行片区，肩负了为整个项目奠定基础和探索经验的重任。启动区位于村落中部，由9栋建筑组合而成，这9栋建筑保留了改区域原有的肌理布局和建筑形态，根据现状建筑的不同状态，制定了不同的更新保护措施。3#为保护修缮，1#、2#、4#为原址重建，6#、7#、8#、9#为更新改造，5#为新的功能织补。

[图8]
乌龙村鸟瞰
村落西倚七星山
缓坡而下

〔图 9〕
保留的乡土树种
延续古村落的活力

3# 建筑是标准的“一颗印”合院，为挂牌历史建筑，在启动区范围里，保存最为完好。门头，构架、庭院、土坯墙，都保留了传统的做法和风貌。为了最大程度的保护建筑并为村落内有的历史建筑修缮做个样板，我们对其进行了完整细致的勘察，并根据勘察结论和价值评估制定了修缮方案。

1#、2#、4# 建筑，原址建筑质量较差，风貌后期扰动也很大，但是建筑肌理保持了村落组团的空间特点，所以结合功能的策划，对建筑进行肌理和空间保留的情况下，进行原址重新翻建。重建后的建筑，梳理并恢复了原有的传统院落局部和立面形态，内部植入了新的功能。

［图 10］
更新改造后
按照原样式、原肌理
重建的建筑
融入村落原生环境中

6#、7#、8#、9# 建筑，现状是多个离得很近、但是相互独立的小建筑，建筑保存状况一般，但是同时带来的是空间和形态的丰富性。于是我们首先对这几个建筑进行了全面的修缮，恢复了结构的安全和外立面的风貌，并且采用了可识别性很强的连廊，将这些建筑的交通和空间连接起来，创造了更多的可能性。

5# 建筑的位置，原有的建筑已经坍塌，在分析了周边的空间肌理和建筑关系之后，设计师在这个位置选择不再复建原来的建筑，而是做了创新，结合景观空间打造了一个多功能的公共建筑，成为启动区的一个亮点。

［图 11］
茶亭——云南传统
干格式建筑的复制
老样式新空间

乌龙村的整体规划、设计基于历史文化保护、自然资源保护、当代生活功能需求，营造出一个闲适、自然、可互动的田园社区，使生活在这个社区的新村民能够更为放松、自由，能够在田园画卷般的古村落里交流和沟通，更好地体验真实的村落新生活。在未来的乌龙古渔村，望得见山，看得见水，记得住乡愁。

［图 12］
更新改造后的建筑
融入村落原生环境中

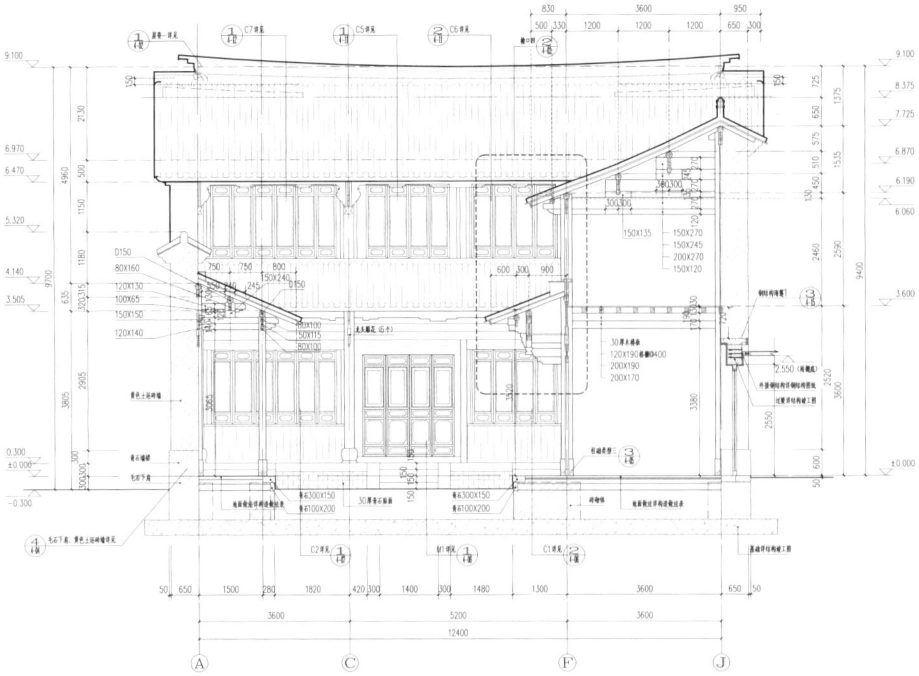

[图 13]
2 号建筑剖立面图

[图 14]
2 号建筑现场实景

[图 15]
乌龙村
长卷效果图

[图 16]
设计实体模型
实拍

[图 17]
“洗衣亭”远眺

[图 18-22]
乌龙村现场实景

2018

A.D.

设计时间 | Design Time

2022

A.D.

建成时间 | Completion Time

2 420

m^2

建成面积 | Construction Area

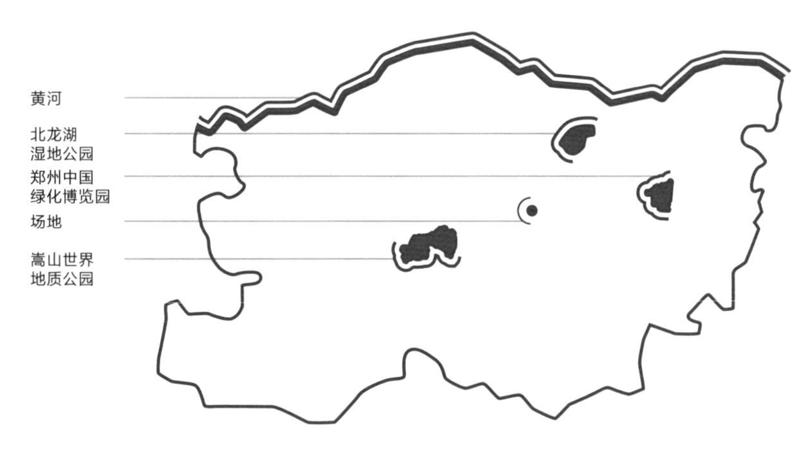

设计团队

苏州水石传统建筑研究院
水石设计米川工作室

项目地点

中国 – 河南

项目标签

郑州 - 长安古寨

项目业主

建业住宅集团（中国）有限公司

项目内容

测绘、建筑修缮、维修加固

寨幽中原

18 郑州建业足球小镇长安古寨修缮及民宿设计

18

ZhengZhou Jianye Football Town ChangAn Village Restoration & Homestay Hotel Design

郑州建业足球小镇长安古寨修缮及民宿设计

2018 A.D.
设计时间 | Design Time

2022 A.D.
完成时间 | Completion Time

2 420 m²
建成面积 | Construction Area

长安古寨，又称上李河古寨，坐落在郑州市二七区侯寨乡的一片冲沟地形之上，是一座有着上千年历史的古村落。古寨四周有沟壑环绕，地景独特。今日的古寨已经鲜有人居住，寨内保留的历史建筑大部分空间形制完整，但是因年久失修而残破不堪，又因建筑空间较小，很难满足新的功能需求而直接拿来使用。

古寨中保存的民居多使用青石、夯土、青砖、布瓦、木材等材料，风貌基本统一，具有明显的当地特征。我们对古民居分类别、有针对性地进行肌理织补和建筑修缮，完善长安古寨的整体风貌，将其打造成郑州地区的精品特色古村，为郑州市发掘一些文化亮点。

为使后期修缮和改造设计能符合原有建筑肌理和建筑风貌特征，秉着尊重传统，保持传统风貌的目标，对古寨进行了深入的历史研究。经多处实地调研走访、测绘数据分析和相关史料查阅，获得了大量关于古寨建筑的信息，为修缮和改造设计提供了有力的依据支撑。

为进一步保存古村落肌理并容纳当代文旅产品的需求，且希望做到传统建造材料及手工艺与当代设计的共存，实现村落原貌与地产开发之间的有机平衡。在建筑立面材质肌理方面保持当地的原生形态，对使用空间进行重新规划、置换，同时注意保留一定的可塑性，便于后期调整。

在方案中坚持使用当地产石材、粉土、青砖、木材、布瓦等建筑材料，并按照当地建筑肌理进行修复和重建，保留当地混合材料墙体、木构架形式、墙体承重体系等基本特征，在重建时对建筑高度、构件、雕饰等进行优化设计，将部分院落合并，

上［图1］
长安古寨总平面

下［图2］
改造前
场地鸟瞰

［图3-7］
改造前
长安古寨原状

提升建筑及院落规制；建筑的细部装饰结合当地传统装饰进行设计，力求取之于长安、用之于长安。

设计从对中原历史文化的深度解读出发，挖掘城市肌理及生活方式的发展脉络，从中提炼与当代历史观相谋合的城市集体记忆，作为历史文化与地产开发的结合点。同时从建设运营方自身的资源优势出发，引入运动、酒店、游乐、饮食、物管等业态，提供高于历史场景本身的现代服务理念，使得文旅体验获得更高的溢价。

以长安古寨的修复作为主要题材的民宿酒店设计，强调了对历史场景的恢复，以及中原文化的挖掘与重释；侧重传统建造技术的现代化应用和有特点的历史性建筑与景观片段修复；在项目的景观设计中，收集非物质性遗产，并植入场景中，增添游客体验的独特感与文化浓度，从而将文化主题更好、更纯粹地呈现。

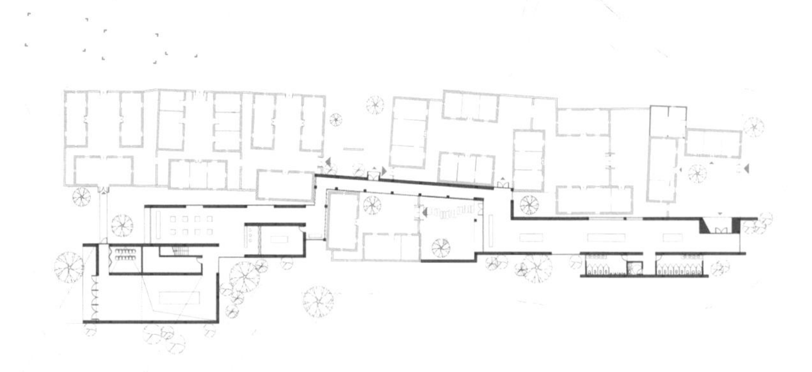

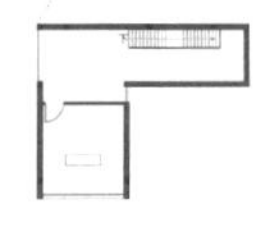

[图8]
民俗展示中心
总平面

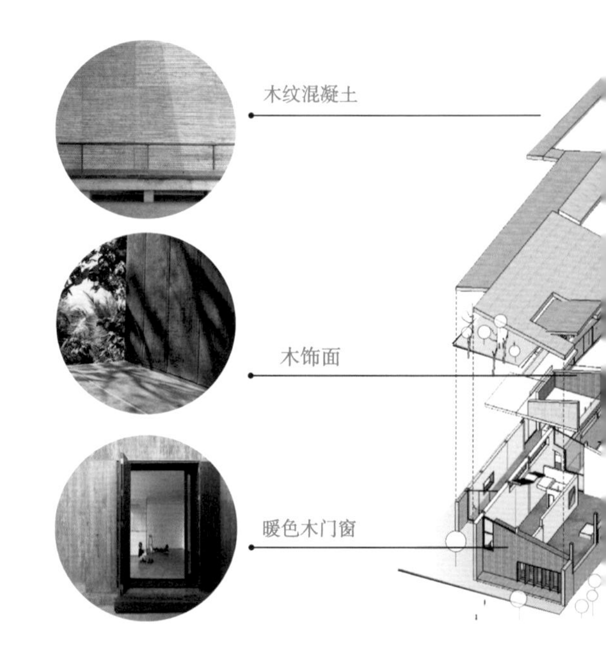

针对场地中保留较为完整且能体现当地居住文化与空间特征的建筑，进行结构上的加固及细部节点的修复。所有修复的方式基于对史料的研习及传统工艺的解读，结合现代的保护技术，追求最大限度地保留建筑原汁原味的特点。与此同时，结合历史建筑的空间特征，置入会所、轻餐饮、民宿等与现代城市生活相关的功能，用功能嫁接历史场景与文旅体验。

在项目实施过程中，为使建筑的空间及细部特征能完美的呈现，设计团队不断跟各参建单位进行沟通探讨，最终在材料选择、工艺做法、性能提升等方面都有了较好的解决方案，使非常规的开发项目得到顺利的推进，赢得各方的认可及称赞。

[图9]
民俗展示中心鸟瞰

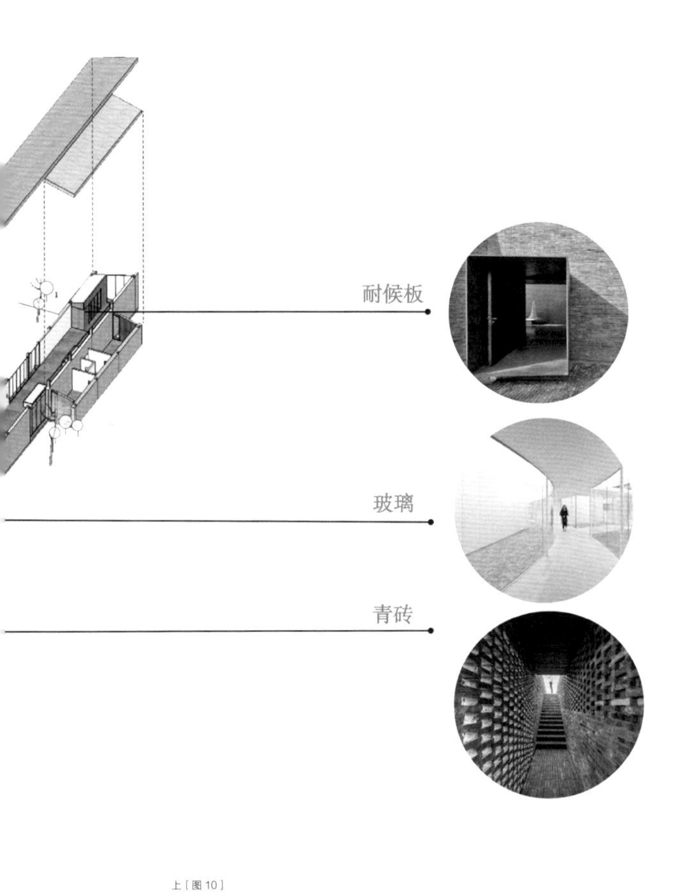

上［图 10］
民俗展示中心
材料分析

植入现代的连贯展示空间，产生新旧对话，使新建建筑本身成为容器，具备包含展示等多功能的用途。

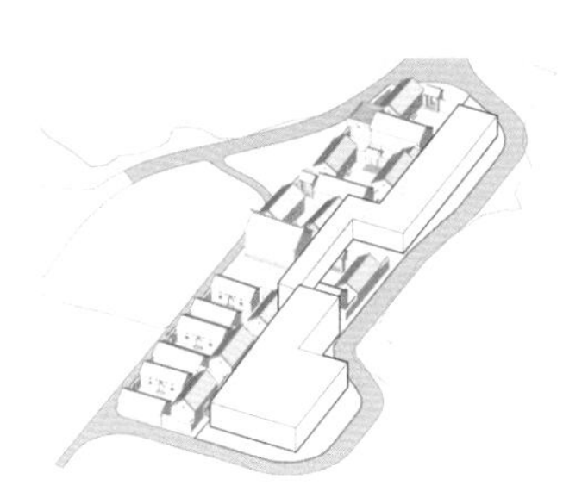

插入景观庭院，形成错位体量。

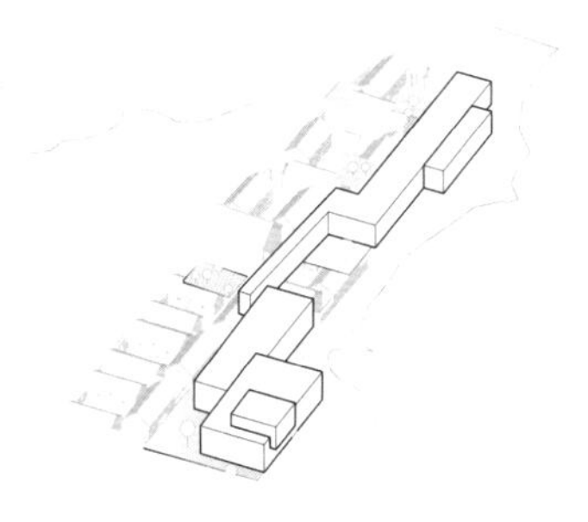

折叠屋面，呼应传统建筑形态。

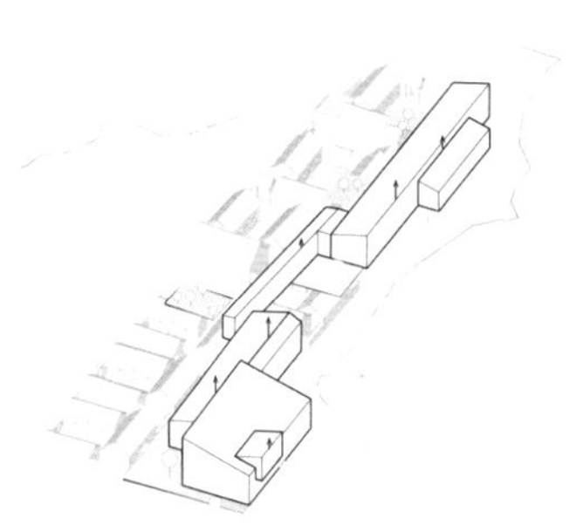

纵向展廊界定老建筑边界，并引导游览路径，从而自然限定并形成主要视线朝向。

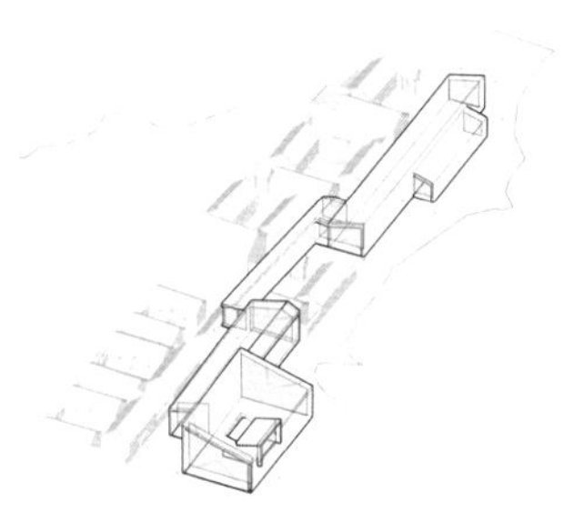

由纵向展廊限定成主要视线朝向。展廊面向老建筑和庭院，局部打开，形成移步景异的游廊空间。

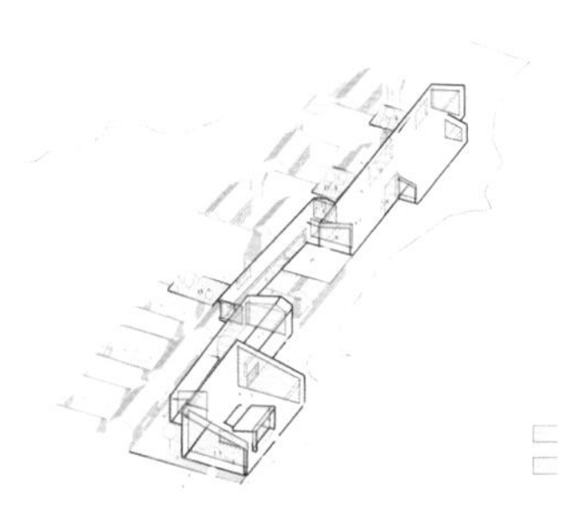

右［图 11-15］
民俗展示中心
设计概念推演

［图 16］
民宿入口透视

［图 17］
民宿街巷空间透视

［图 18］
民宿庭院透视

［图 19-21］
民宿一层平面
民宿二层平面
民宿屋顶平面

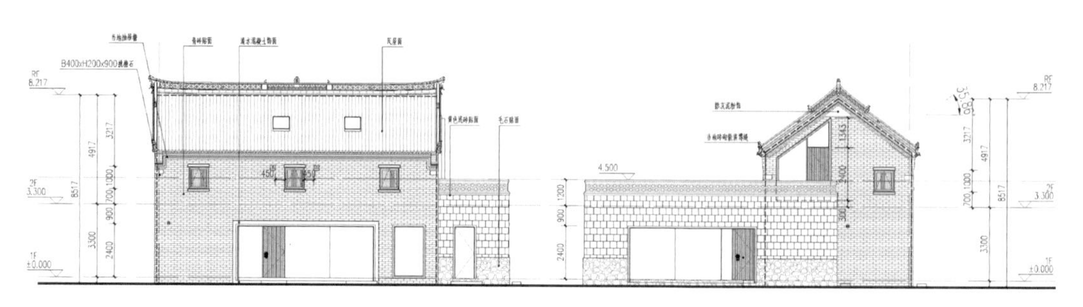

[图22]
民宿南立面

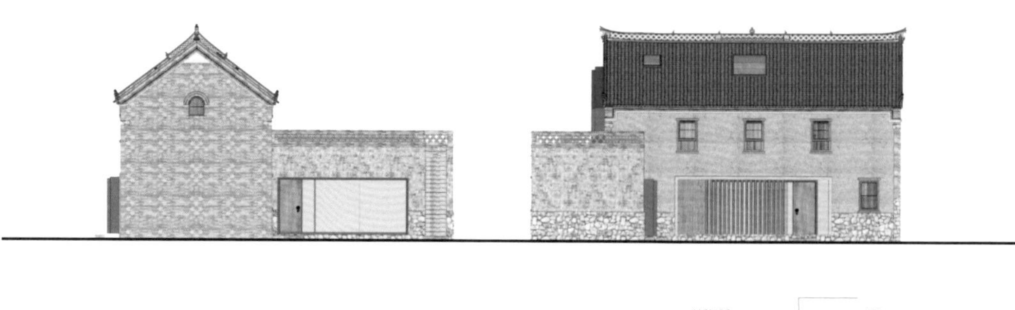

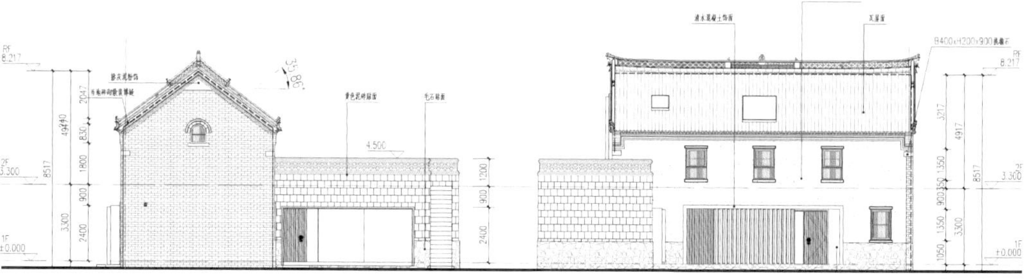

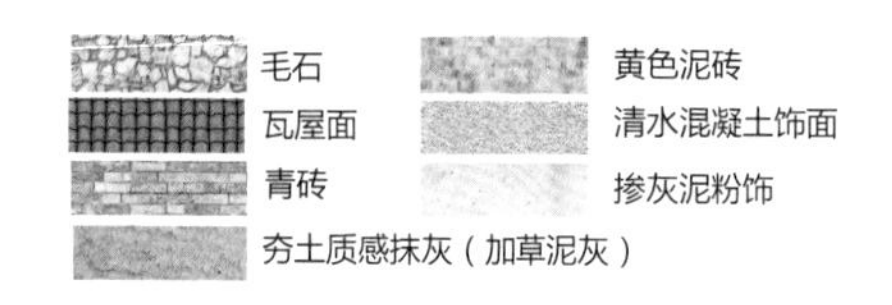

[图23]
民宿北立面

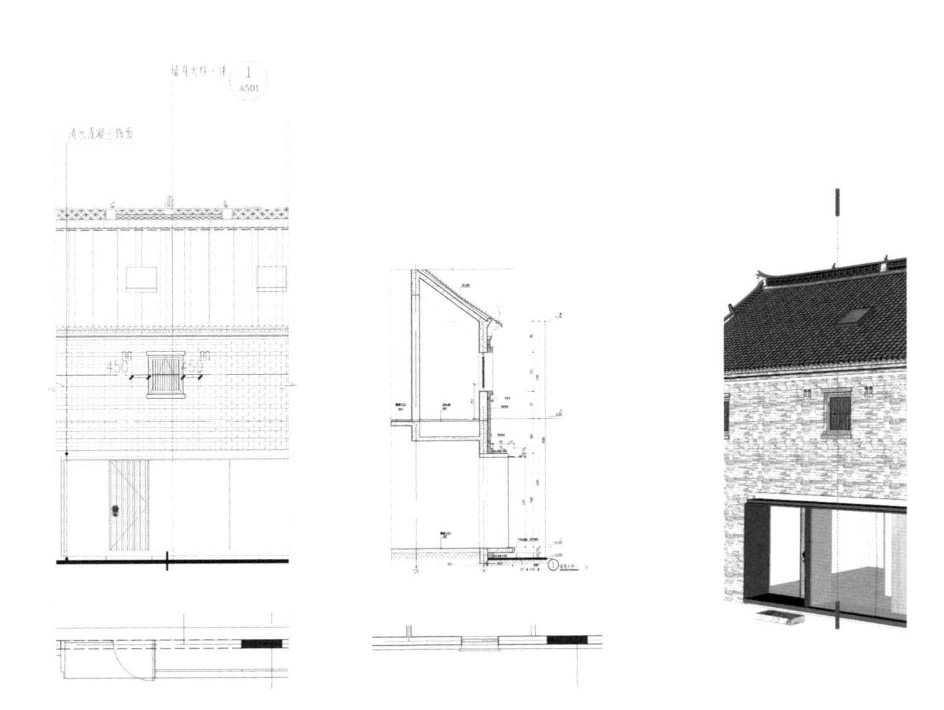

［图24］
民宿局部墙身大样

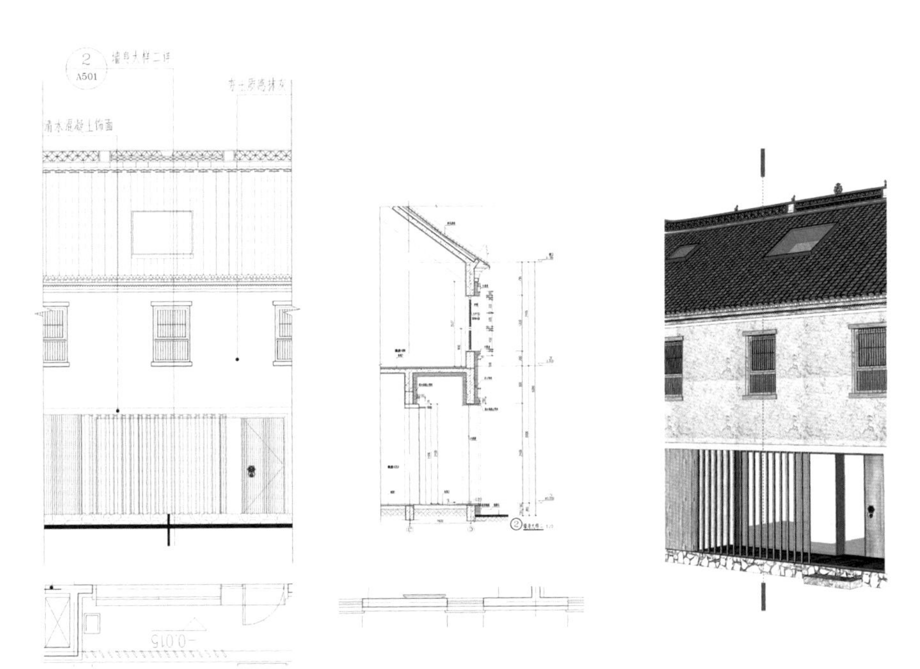

［图25］
民宿局部墙身大样

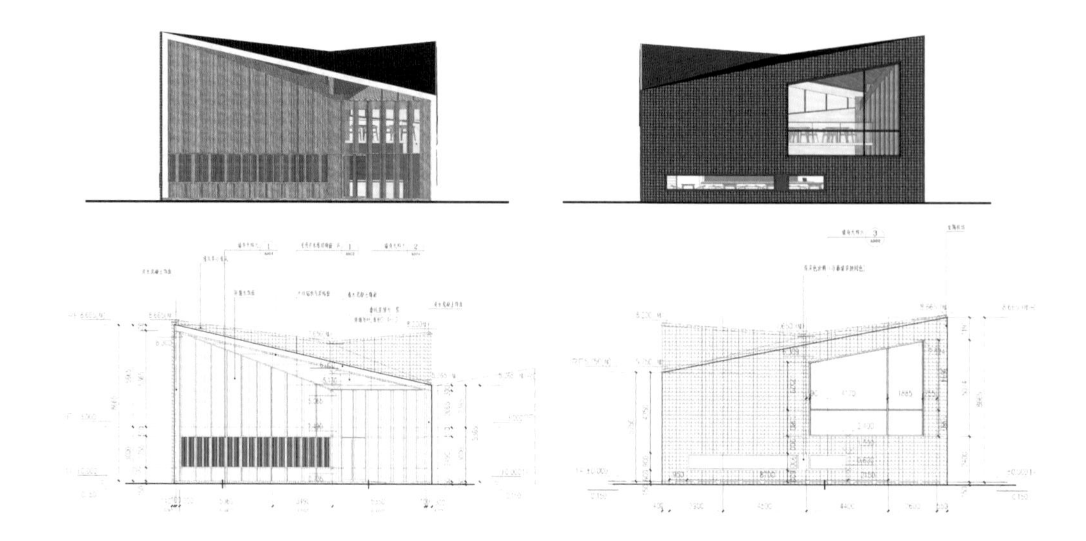

［图 26］
餐厅单体 A
东、南立面

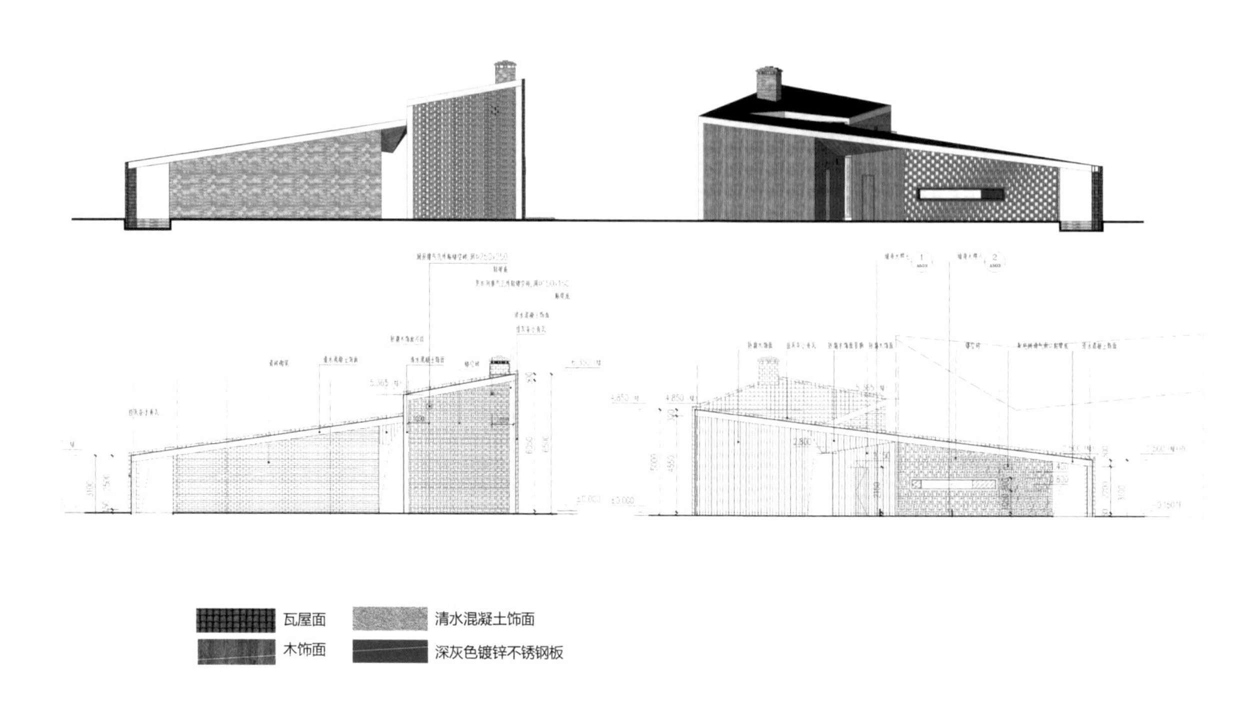

［图 27］
餐厅单体 B
东、西立面

[图28]
餐厅及周边鸟瞰

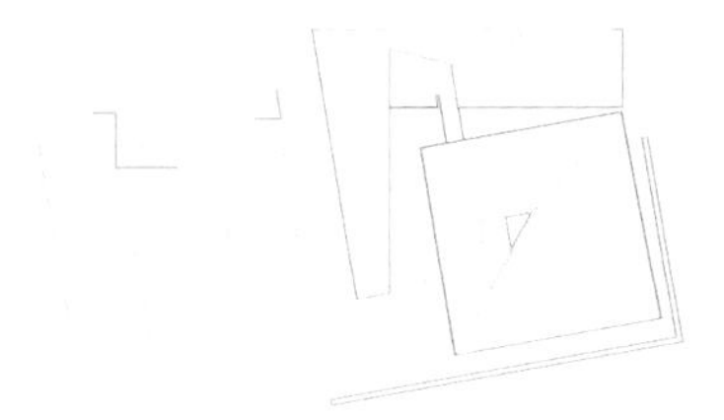

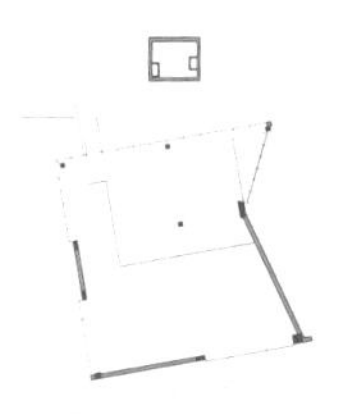

[图29-31]
餐厅屋顶平面
餐厅一层平面
餐厅二层平面

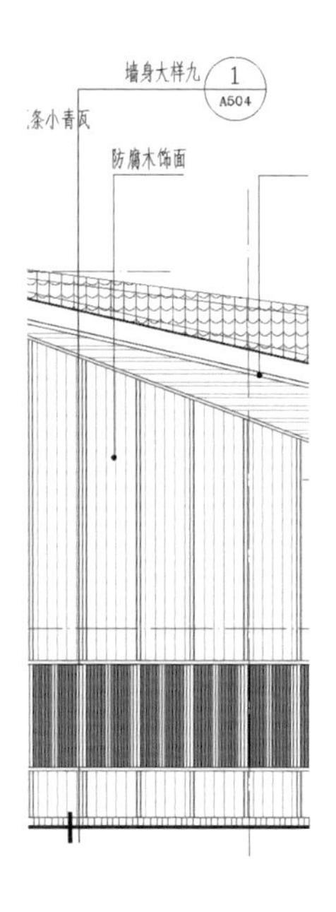

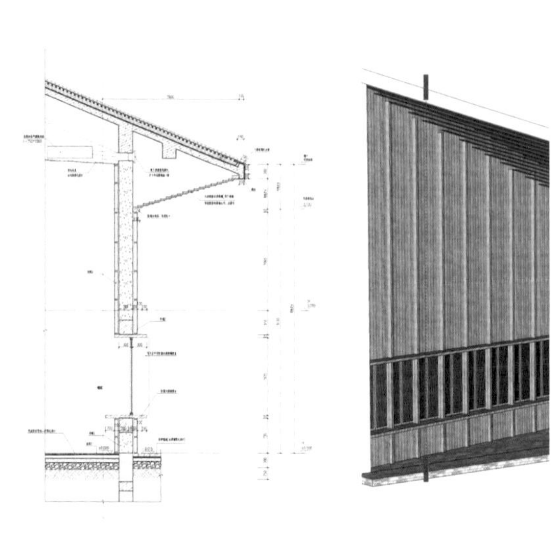

［图 32］
餐厅局部墙身大样

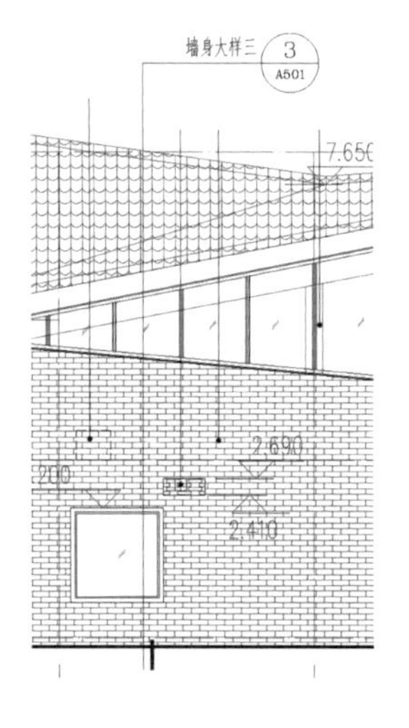

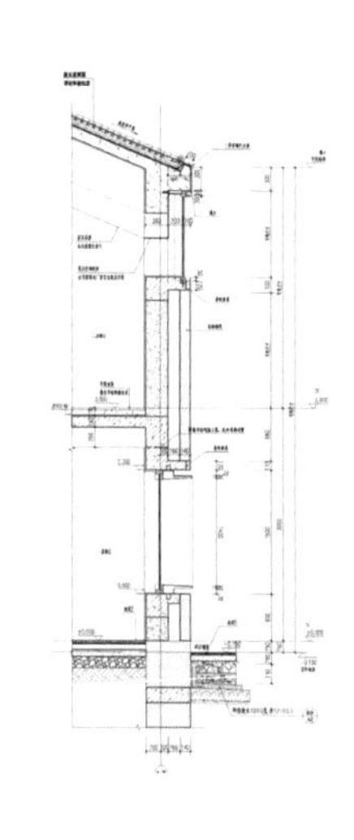

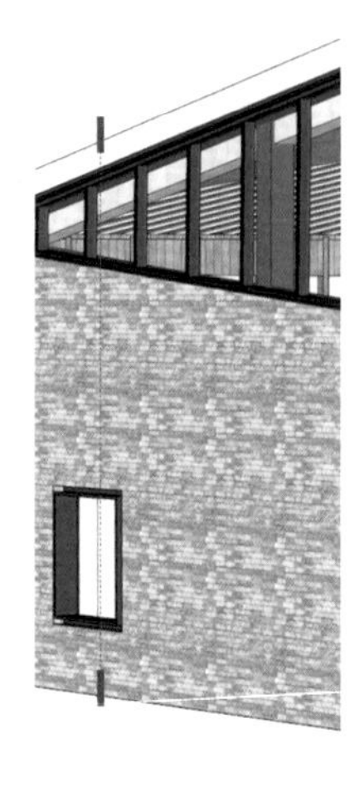

［图 33］
餐厅局部墙身大样

［图 34］
三进院效果

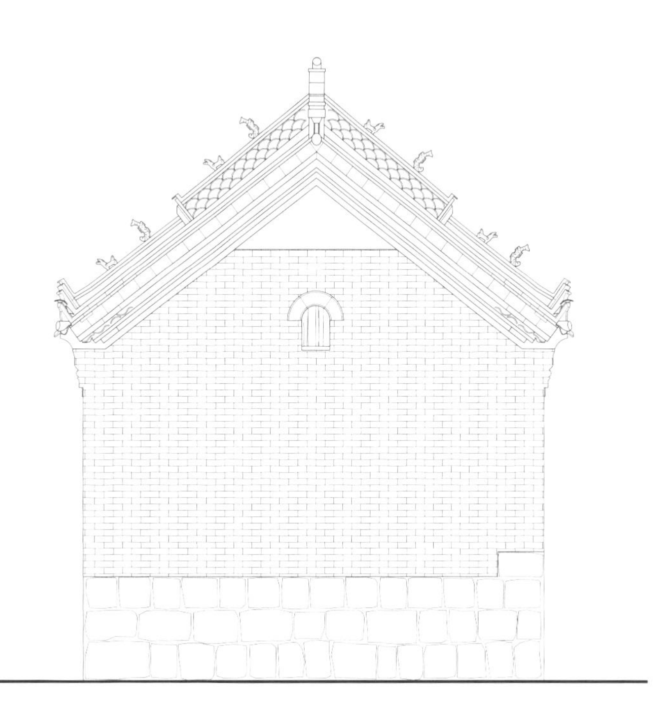

［图 35］
修缮后
第一进院立面

2015

A.D.

设计时间 | Design Time

2025

A.D.

预计建成时间 | Completion Time

160 667

m^2

建成面积 | Construction Area

设计团队

苏州市文物古建筑工程有限公司
苏州市东南文物古建筑研究所

项目地点

中国 – 云南

项目标签

云南 – 红河水乡

项目业主

弥勒新城投资

项目内容

仿古建筑、商业街区

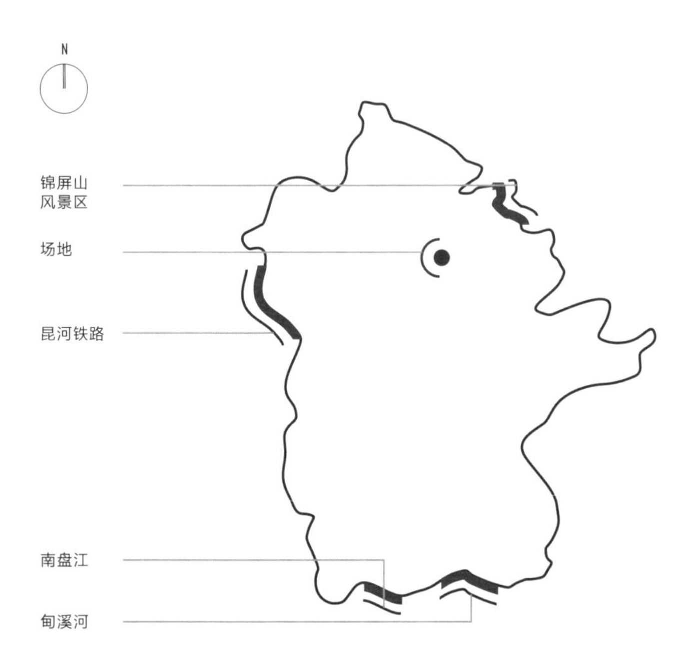

云上江南

19 红河水乡古建筑博览区及建筑设计

19

HONGHE RIVERFRONT ANCIENT BUILDING DEMOSTRAITION ZONE PLANNING & ARCHITECTURE DESIGN

红河水乡古建筑博览区及建筑设计

2015 A.D.
设计时间 | DESIGN TIME

2025 A.D.
完成时间 | COMPLETION TIME

160 667 m²
建成面积 | CONSTRUCTION AREA

红河水乡古建筑博览区项目位于云南省红河州弥勒市红河水乡北部核心区，基地北临人工湖，南临南环路、拖白村，西靠水乡高端住宅区，东依弥勒大道。规划范围约 16 公顷，地形基本平整。

项目地块占地面积约 241 亩，其中商业综合体占地约 42.4 亩，核心区商业区占地约 45.8 亩，风情水乡占地约 152.8 亩。总地上建筑面积 188780 平方米，其中，商业综合体地上建筑面积 65293 平方米。核心区商业区地上建筑面积 50219.72 平方米。风情水乡建筑面积 12898 平方米。六大派系建筑面积 60369.28 平方米。

红河水乡作为弥勒市旅游休闲产业的重要载体，承担着带动产业升级、推动品质提升、引领发展新方向的重要功能。该项目定位为红河水乡中具有特色和影响力的集“文化，旅游，商业，居住”等多元化于一体的综合水乡非遗文化区域。着力打造文化馆、非遗馆、水戏台、文庙、水乡人家、水巷景观、古镇核心、商业综合体等为周边地区以及全国服务的综合性水乡非遗文化休闲体验区域。该区域将按“政府统筹、整体规划、集约用地、统分结合、资源共享”的原则进行规划建设。

本项目以《姑苏繁华图》为蓝本，再现水乡的围堰、船闸、中转仓等水利航运设施，在展示其科技、文化和观光价值的同时，具有实际的水位调节、防洪排涝和游船通航功能。

［图 1］
长卷
全长 12 米
辽宁省博物馆藏
《姑苏繁华图》局部
徐扬
清代
公元 1735 - 1759 年

［图 2］
红河水乡
鸟瞰效果

规划建设的红河水乡古建筑博览群，不仅是一座4A级旅游景区，更是一座生活着的水乡古镇。名为古建，用在当下，是具有江南水乡古镇风貌，并提供实际生活居住、商业休闲和文化展示功能的特色社区。

本项目将以云上江南——梦里水乡主题表现，在江南水乡城镇集市发展史研究的基础上，展示多种传统派系特色民居，构建符合水乡城市一般发展规律的历史脚本缩影。

再现磨坊、酿酒、烹茶及各种传统手工技艺，在科技文化展示和观光的同时，提供实际的餐饮、娱乐和旅游休闲服务。

再现酒坊、酒楼、茶楼、邸店、商铺等建筑形象，展示其科学文化和艺术价值，同时提供实际的餐饮、住宿、购物、娱乐等旅游休闲服务。

再现寺庙、祠庙、书院、戏台等，提供实际的宗教、文化娱乐活动场所。

再现历史街坊制居住，提供实际的居住、商住和旅游住宿功能。

充分尊重并利用现状地形地貌营造水体景观，利用基地北侧主要水体，设置合理的分节点引入基地，形成丰富的水乡古镇水网，既具有旅游景观和生态气候调节作用，又形成不同功能地块和动静分区之间的自然分隔。

根据用地自然条件和规划目标，以文化旅游用地为核心，兼顾商业休闲和特色居住三大功能区块的合理空间布局，最大程度发挥土地效益。文化旅游景区以水乡商业市镇为蓝本，传统商业街

[图3]
玲珑大街效果

[图4]
春风拂槛唐街效果

[图5]
临河商业街效果

[图6]
水巷效果

道沿水巷展开，并与南北向玲珑街相连接，构成主要的步行旅游线路；用地内在传统商业街道腹地部分用作文庙、旅馆、酒店、里坊客栈等文化旅游景点。用地边缘沿城市干道部分设置较大体量的现代商业、餐饮和办公功能，依托外围干道便捷的交通条件，为城市和周边居民服务。

三大功能区块传统与现代功能互为补充，提供丰富的文化旅游景点和商业服务设施，可以满足本地及国内外游客的多层次体验和参与需求。

地块主体部分规划划分为三大功能区。东北部为综合大型商业区，中区为主核心商业街区，西侧为水乡风情区。此外，在西侧水乡风情区又可分为酒吧餐饮区、传统水乡街区，商帮会馆区。各功能分区以天然河道或街道景观为界，形成自然的空间分隔，彼此既相对独立、互不干扰，又联系紧密、相辅相成。

综合大型商业区：商业综合体购物中心位于弥勒红河水乡古建筑博览区，东临弥勒大道，西面是商业街，临近湿地公园。周边建筑的江南文化气韵与湿地公园的自然气息奠定了建筑的外在气质。建筑设计基于对场所精神的研究，通过波浪状的山墙形式，体现湖面与江南传统建筑风貌的关联。连续起伏的屋面轮廓，凹凸得当的立面关系呼应弥勒周边起伏的地貌，建筑与整个片区的城市形态更加自然地融为一体。

[图7]
展示中心层花窗

[图8]
入口牌楼

[图9-10]
文化馆组团广场及沿街效果

［图 11-12］
临河商业街
效果

转水阁表现了古代漕运仓储制度。漕运采用的是分段转运的漕运方法，在水路沿线修建众多转水阁，避免不同水位间过堰时反复装卸、磨损船体，利于不同水系根据水情不同采用不同的船体设计。正由于它特殊的作用，设计中采用重檐八角亭的建筑形态，在高台基座上设置架空木结构，以实现转运的功能。

水阁位于阿欲河西侧第一水口，是展示以水力机械加工稻谷农产品的生产场景和技术，可作为文化展示和经营场所。临水设水闸及利用水位高差带动水磨磨面的磨坊，南侧设两层酒楼。具有较高的科技史、农业史价值，有较高的观赏性和参与性。

魁星阁又名奎星阁，为文庙的配套建筑。在古代，文庙不仅是祭祀中国儒学大师孔子的庙宇，还是城中的最高学府，是培养秀才进而参加乡试考取举人的学宫。魁星阁正是文庙中学宫的象征之一。每当晴日中午，阁影池中，游子若于池南岸观之，此阁倒影清晰，一实一虚，发人遐想。阁平面呈八角形，共三层，各层飞檐翘起较大，逐层收进，整体上小下大，比例均匀。外貌小巧玲珑，精致婀娜。每层四周设有回廊，外有木栏，供人眺望。

水戏台为南北双面戏台，采用三重檐戏台形式，底层架高为平座。

[图 13]
魁星阁效果

[图 14]
水阁效果

[图 15]
水戏台正面效果

［图 16］
弥勒玲珑阁
远景

［图 17］
转水阁效果

QIYUEN

2021
A.D.

始建年代 | Earliest Build Time

2019
A.D.

设计时间 | Design Time

2022
A.D.

建成时间 | Completion Time

61 000
m^2

建成面积 | Construction Area

设计团队

上海水石建筑、上海水石景观
苏州水石传统建筑研究院

项目地点

中国 - 江苏

项目标签

苏州 - 竹辉金普顿

项目业主

苏州泽安商业发展有限公司

项目内容

商业街区、酒店、仿古建筑

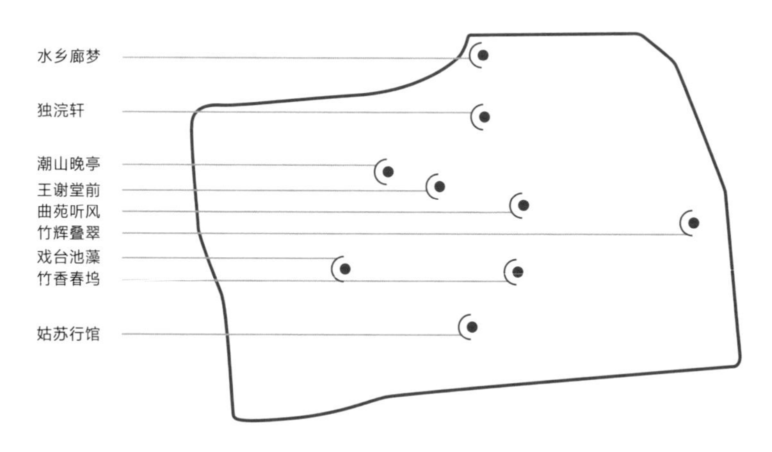

水毓竹辉

20 苏州竹辉饭店街区更新

20

THE RENEWAL OF SUZHOU BAMBOO GROVE HOTEL

苏州竹辉饭店街区更新

2019 A.D.
设计时间 | DESIGN TIME

2022 A.D.
竣工时间 | COMPLETION TIME

61 000 m²
建成面积 | CONSTRUCTION AREA

竹辉饭店项目位于苏州姑苏区双塔街道、古城东南角，项目南接竹辉路，西邻南石皮弄，北侧和东侧被具有2500年历史的南园河环绕，项目地块南北长190米，东西长285米。临近众多极具代表性的苏州园林，距离网师园和十全街的步行距离仅500米。项目整体占地面积约4.3万平方米，总建筑面积约6.1万平方米，其中地上建筑面积30387平方米。

老竹辉饭店于1990年11月正式开业，过去的竹辉饭店，在设计中融合了大量苏州当地的风俗韵味，结合高档奢华的服务品质，见证了许多苏州城的历史时刻，酒店同时也是一代苏州人喜结连理，宴请亲朋首选酒店。酒店在2013年歇业，歇业后的竹辉酒店一直是苏州人心里的期盼。原竹辉饭店代表了当时的城市形象并具有典型时代印记，在城市更新中如何在重塑竹辉饭店特色历史记忆的同时注入新的时代特色？如何树立独创性并阐述苏州的古城意韵？

场地由两大功能组成，南侧为竹辉环宇汇商业街区，地上两层，地下一层的商业可与地铁出入口联通；北侧为金普顿竹辉酒店，酒店地上建筑面积约1.8万方，含各类客房共179间。新竹辉项目在整体规划上，传承城市文脉（苏州街巷空间再现），形成主街——次街——巷道——广场的多层次空间；建筑和环境打造上，商业立面用当代材料延续传统建筑风格，并结合民居和官式建筑特点，打造适合现代商业运营的新苏式商业街区；酒店部分延续原竹辉饭店的建筑形制，并植入竹辉元素的太湖石、湖心亭等特色景观，让老竹辉饭店的记忆点再次辉煌呈现。

酒店和商业街区的地块划分充分考虑了两者未来的运营逻辑——场地周边北侧和东侧为南园河，为场地主要的景观面，南侧为城市次干路竹辉路，也是项目面向城市的主要展开界面，因此在商业和酒店的划地逻辑上将酒店设置于景观更好的北侧，闹中取静，而将与城市界面和地铁联系更密切的南侧地块切给商业街区。酒店和商业的交界界面则通过酒店中心景观和河道景观将两者隔离开来。

[图1]
水街鸟瞰

［图2］
新竹辉饭店
鸟瞰

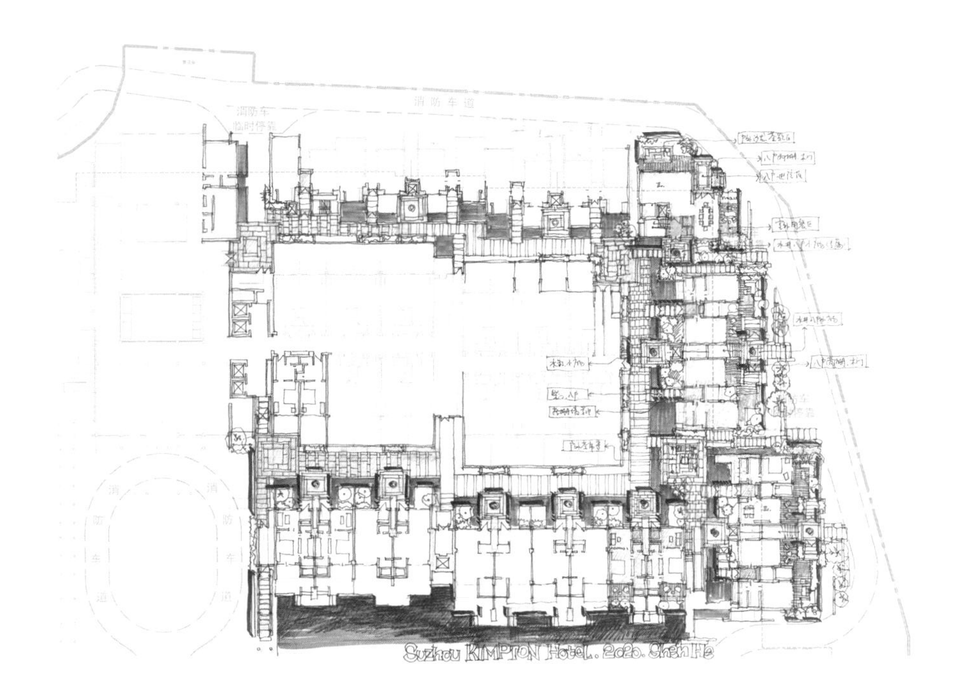

［图3］
酒店客房区
方案草图

■ 设计策略 [1]

传承城市文脉，织补古城肌理。老竹辉饭店的设计，在酒店级别和配套功能上在很长时间内堪称苏州酒店的标杆，其建筑立面、内部景观设计及其空间都体现出苏州文化特色，然而，由于时代限制，大体量的老竹辉饭店和其周边苏州古城城市肌理欠协调，建筑尺度明显过大，借由这次城市更新的机会，希望对古城城市肌理进行织补，新竹辉在总体规划上化整为零，在城市肌理上延续苏州古城高密度、小体量的特色，在图底关系上将古城传统尺度的街巷空间延续到项目中。

总体规划延续了老竹辉和苏州园林以水为隔的布局方式，隔而不离；老竹辉为公区与客房隔水相应，新竹辉为酒店与商业隔水而临，理水之法均随处可见，以水为引，穿亭流榭，可享受传统江南中式园林里“微风皱罗池，凭栏听鱼戏”的生活。

[图4]
以水为隔的酒店
与商业界面

场地内南侧沿竹辉路有一栋保留建筑竹辉商厦，进一步压缩了项目面向城市的开口界面，结合地面人流和地铁开口等综合考虑，场地主要出入口设置于地铁的东南和西南角，同时在场地中间设置酒店和商业公用的入口广场，入口广场整合商业区入口与酒店引入空间，并正对酒店主入口，是酒店入口空间的对外延伸，亦把商业区分为东西两部分，西侧商业以戏台主题广场为中心，业态招商上以苏州文化美食为主，更多的体现苏州在地文化和传统民俗民风；东侧街区以市集广场为中心，业态上以西餐、酒吧、文化创意等为主，秉承生活、艺术、创意三位一体的经营理念。

“道莫便于捷，而妙于迂”，酒店通过狭长迂回的巷道空间将建筑、植物、景观紧密结合，形成“引路得景”的效果。进入幽深的巷道，行至古木交柯处。视线稍稍扩展，可见壁山小景，以白墙作纸，山石植物为物演绎一幅水墨画卷。同时通过巷道内的视线规划，提升空间丰富的视觉感。先抑后扬空间效果的演绎应用，酒店动线有“山重水复疑无路，柳暗花明又一村”的空间感，在小空间内装入大乾坤，这也是中国古典园林的空间艺术魅力所在。

■ 设计策略 [2]

延续历史风貌，融合新旧建筑。新建城市街区建筑风貌的文脉传承一般有三种类型：一：原样复原，修旧如旧；二：新旧融合，和而不同；三：完全现代，传承气韵。在竹辉酒店项目里，建筑风貌则兼顾了以上三种方式：商业建筑风貌主要是对苏州传统建筑立面的现代转译；酒店部分则力求在本质层面继承和发展中国传统建筑的精髓，做到“中而新”、“苏而新”；在场地的重要空间节点和对景建筑上，则采用原汁原味的苏式古建，通过不同方式的演绎，融合场地内新旧建筑，并延续古城历史风貌。

竹辉环宇荟商业街区，商业体量约 1.9 万平方米（地上 1.22 万，地下 0.68 万），依托千年姑苏城特点，打造了戏台主题广场、文创主题下沉广场、集市广场、缤纷花园和滨水酒吧街五大特色主题节点。将姑苏文化融于环境，用空间造意境，通过街区艺术环境、特色业态氛围塑造向公众传递着独特的艺术品位和深层次的文化价值，从内到外塑造充满人文气质和姑苏美学的体验空间。

[图 5-6]
大堂连廊

上［图7］
湖山晚亭

左［图8］
水街鸟瞰

商业街区从建筑高度、体量布局和天际线打造上都力求体现苏州传统街巷的意趣，商业立面从苏州传统民居中提炼出六种原型进行现代转译，并对苏州传统建筑的立面细部和装饰部品部件等做了大量研究，在保留苏州传统气质的基础上通过现代材料和手法进行创新演绎。

酒店立面古今融合，从建筑形式、颜色乃至细部处理都力求延续苏州历史文脉。酒店立面以白色和木色为主色，苏州传统建筑的庭院空间、留白手法、文化气韵在这里通过现代方式进行重新演绎，所有客房都跟户外环境有着紧密的关联，通过景观规划和私享阳台等处理，让每户客房都可面对独特的景观，通过温暖色调与质感层次的结合，打造远离繁嚣都市的奢华空间。

■ 设计策略 [3]

保留竹辉记忆，营造在地场景。从中轴线上经过一道苏式门楼白墙黛瓦之后便进入酒店空间，这道门楼既是酒店入口大门，也用园林框景手法把酒店入口景观框入。进入大门后到达酒店入口前院，入口前院强调落客仪式感，完成从繁杂城市到山水隐世中的心境转换。入口庭院正对的酒店公区包含了酒店大堂和全日餐厅，为三进合院建筑，层层递进的建筑形制以苏州级别最高的王府建筑为原型。从入口庭院进入酒店大堂，酒店的室内设计灵感来自于苏州古镇秀美的江南建筑，粉墙黛瓦，小桥流水以及苏州的古典园林。这些元素通过当代设计语言重新演绎，让现代旅者在建筑里发掘独有的细节，隐秘的庭院吸引客人探索，为整体空间带来禅意。

入口前院东西两侧为檐下通廊，其灵感取自拙政园中的贴水长廊，苏州古典园林中的长廊有着实用和观赏的双重价值，可谓“一景复一景，风光尽廊前”。穿过入口的檐下通廊便可抵达中心水轴，也是酒店中空间最为疏阔的中心景观。水是苏州的灵魂，山便是苏州的骨架。假山材料取自原竹辉饭店的假山，亭台也保留了原来形制，落于其侧，营造桃花源的意境。假山与古亭的相映出现不仅是对苏州园林中空间造景的借鉴，更是老竹辉记忆的延续，竹辉饭店承载了苏州人独有的记忆，为尊重这段历史，项目完整的利用了原竹辉饭店内的太湖石，将湖心亭做了复刻，通过材料再利用和小品建筑同形制复刻复建的方式完整保留了原竹辉饭店水庭院中最具特色的景观，并结合酒店大堂吧、和一池水景作为竹辉酒店的中心景观，按照苏州造园手法进行整体打造。

［图 9］
酒店入口大堂

沿着大堂向北就到了酒店的全日餐厅。竹辉饭店作为苏州城市现代化发展的象征之一，曾招待过新加坡国父李光耀、国务院副总理李岚清，当时的领导人们爱吃的招牌菜酱方、响油鳝糊等到现在老苏州人说起来还津津乐道。金普顿品牌特色之一在于其独一无二的特色餐厅，全日制餐厅命名为竹趣轩，主要提供淮扬菜系，中餐零点和日餐怀石料理，除了散座堂食之外，还有三个包房分别以“繁竹”、“翠竹”、“秀竹”命名，在氛围营造上进一步体现“竹”文化，最大的包房可满足 16 人同时用餐。

半亭庭院位于全日餐厅北侧的酒店出口处，从这里出去走过南园桥步行五六分钟便可直达网师园、十全街等景点，同时，半庭庭院也是全日餐厅的室外延伸，结合内院和临河的户外就餐区，设置以全日餐厅特色餐饮为依托的人文打卡节点。在此可以享受南园河对岸苏州老城的清雅景致，感受独特的金普顿竹辉休闲文化。

过去的苏州人在竹辉饭店里，宴请、听曲、遛鸟、聚会、会晤、喝茶、赏景。今天的新竹辉，将过去的这些生活场景转换成体验节点，融入更具生活体验感的新的“竹辉生活”，并通过“竹辉八景”的打造，让来这里的市民和游客感受苏州古城的新生！

［图 10］
大堂入口

上 [图 11]
水庭院
与大堂吧

下 [图 12]
大堂室内

历史街区里的城市更新项目会受到诸多的限制，这些限制往往同时也是项目在充分尊重城市文脉的前提下产生独一无二特色的机会，对场地历史文化内涵的挖掘、历史记忆的延续需要对在地文化的系统研究，关注体现在地生活方式的日常空间和特色空间场景，建立从城市设计——历史风貌研究——建筑语言转译——在地场景营造的系统方法论，把承载记忆的空间和相关物融入游览动线，并最终通过人在城市中的活态体验来得以记忆再现。

苏州金普顿竹辉酒店项目对于大体量建筑中如何保持传统江南人居方式留存在人们潜意识里的诗情画意，在标准工业体系和建筑材料及美学支撑下如何进行文化传承与传统建筑语言的转译，通过和而不同的方式创造高品质日常空间，并在城市中实现具有文化意趣和自在的体验，都做出了有益的探索和尝试。

古建核心能力

CORE COMPETENCE

水石设计与苏州市文物古建筑工程有限公司、苏州市东南文物古建筑研究所沈华团队，共同成立苏州水石传统建筑研究院。依托水石设计基于高效服务基础上的多专业技术整合能力、吸收苏州文物古建筑设计核心团队，将文物保护工程、文化遗产、古迹遗址、古建筑、文化建筑、风景园林及传统建筑文化展陈、文化创意设计，城市规划、历史文化名城、街区、村镇规划、文物保护规划、古建筑勘测、文物建筑科技保护、检测评估等设计咨询服务内容融入水石现有规划、建筑、景观、室内等多专业、全过程的一体化设计服务内容之中。继水石设计“地产设计专家”“城市再生设计专家”之后，再向“古建筑设计专家”迈进。

古建核心能力

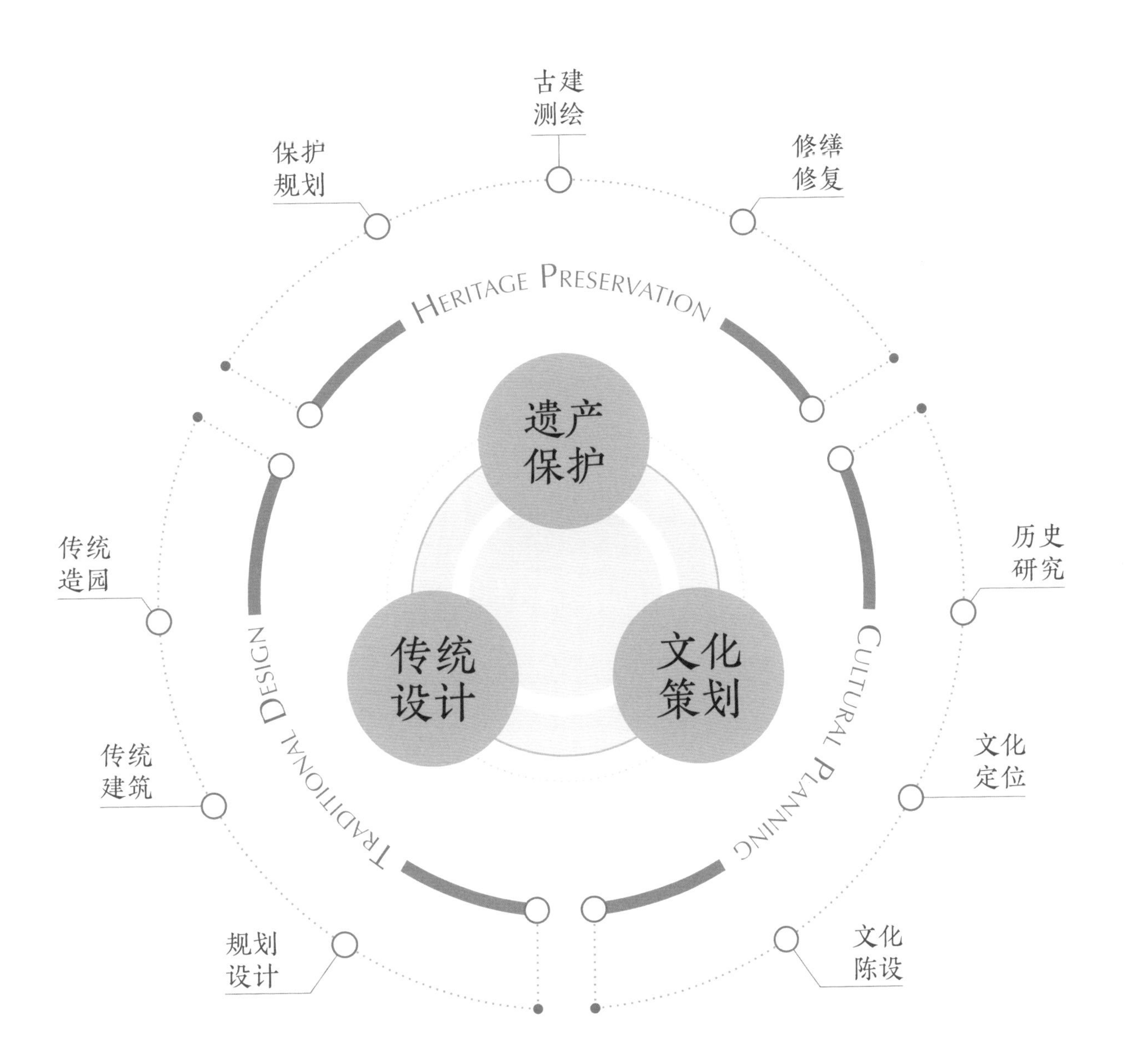
古建
测绘
保护
规划
修缮
修复
HERITAGE PRESERVATION
遗产
保护
传统
造园
历史
研究
传统
设计
文化
策划
TRADITIONAL DESIGN
CULTURAL PLANNING
传统
建筑
文化
定位
规划
设计
文化
陈设

后记 EPILOGUE

小时候，父亲教我读《淮南子》，里面有句话常叫我背诵：“万物有所生，而独知守其根。”今天时常回味，方懂父亲苦心。

从父亲那里接手传统建筑营造的活，不知不觉已经二十多年过去了。这二十年，旧生活迅速远离，新时代狂澜猛烈。在这样的巨变中，传统建筑营造这个行业却没有被淘汰，反倒是越来越体现出传统文化持续强劲的生命力，这也是传统建筑营造作为记录中华文明传承重要印记的魅力所在。

在父亲的光辉岁月里，以修缮文物古建筑为主，使这些古物延续生命是他和他那一辈人的使命所在。现如今，则有了更多的古法重建新建项目，甚至上世纪八九十年代常用的那种钢筋混凝土框架、传统建筑表皮的仿古建筑已被斥为“假古董”而被时代抛弃，建得“真”成为当下古建新生的基本要求。这归因于，越来越多的人意识到传统建筑这份文化遗产的重要，开始自发自觉地守护。“乡愁不只存在于记忆”，这也是经济发展后对自身文化身份重新认识的需要。

这本册子从起意设计到制作完成不过三个多月。好在素材是现成的，只是从数以百计的项目里挑选哪些入册费了不少功夫。限于篇幅，选择的项目数量有限，表达也有限，很多背后的故事还停留在我的脑海里。

沈华，苏州水石建筑设计有限公司董事长、苏州市文物古建筑工程有限公司总经理、苏州市东南文物古建筑研究所所长、亚太地区古建筑保护与修复技术专家、中国文物保护技术协会会员。

沈华毕业于南京艺术学院，供职于苏州市文物古建筑工程有限公司和苏州市东南文物古建筑研究所，同时在东南大学建筑历史与理论专业学习深造。学习研究方向为中国传统建筑及营造技艺。从事建筑遗产保护与设计工作以来，主持和参与全国多处文化遗产及重点项目。全身心致力于中国传统古建筑的保护和再利用。在深刻学习研究现存历史建筑的设计、构造及工艺基础上。探索在当代新文化，新技术背景下古建筑利用的深度和广度。

册子最终呈现为三个篇章：

其一，文物古建筑、历史建筑保护放在“修缮修复”篇里，虎丘塔、瑞光塔的选择是向前辈致敬。大鹏所城、宾兴馆、景德镇天主教堂是在保护和再现古建筑审美和历史价值原则下呈现出的成果，也是团队向上一辈古建人的传承汇报。

其二，传统建筑的重建新建列入“传统建筑营造”篇中，寒山寺普明宝塔和苏州博物馆“宋画斋”的选择同样是致敬前辈，同时也真实反映“尊古循古不简单仿古”的设计思想，美丽上海、国师塔环境整治和般若寺仿古建筑设计则是这一思想指导下的近期成果。

其三，“文旅设计和历史街区”是应对当前新时期新需求的新产物，新与古相融共生，我们既追随时代又尊重传统。

可能是生于苏州，长于苏州的缘故吧，中国传统建筑的诸多优秀之处，唯独“精”“雅”二字令我最为忘情：“精”——构件物料的高度技巧、“雅”——不同建筑的独特韵味。于我而言，“精”“雅”也是我以为传统建筑营造能走在正确道路上的标尺所在。

在成书的过程中得到许多帮助，感激之情溢于言表。感谢朱光亚教授给予我细心的指导让我深刻认识到自己思考中的不足。感谢东南大学沈旸老师，苏州大学钱晓东老师、王纲老师提出的宝贵意见。也正因为此，我将这本册子唤作《匠作》，是因为真正掌握建造技艺的是那些毕生从事建造工作，而姓名和事迹却未见于记载的匠工们。当然，还要深深地感谢水石国际品牌部及技研建筑表达组的同仁，这本册子可以说是你们多少个不眠之夜的结晶。也感谢米川工作室、盈石工作室的伙伴们，有的项目是我们合作的成果。回顾这段时间，虽然经历过艰辛和困难，但拥有更多的是快乐和收获。

有人说：“传统好像一条路，每一次回头，都会看到我们从什么地方出发，打算往什么方向走下去。”这条路，我当然并且决然地坚持走下去！也与诸位共勉，希望一路上有你！

沈华
二〇二二年十月

附录 APPENDIX

1982

苏州云岩寺塔[虎丘塔]
维修加固工程

1987

苏州吴江柳亚子故居
修复工程设计

苏州文庙[碑刻博物馆]
修复工程设计

杭州胡庆余堂
修缮工程技术监理

1989

苏州俞樾故居[曲园]
古建筑群修复工程设计

苏州瑞光塔
修缮工程

TURY 90S

世纪-90年代

1994

苏州贝家祠堂
[民俗博物馆]修复工程设计

1995

江西信奉县大圣寺塔
维修工程监理

苏州市城隍庙工字殿
维修工程设计

1996

玄妙观古建筑群修复工程
及三清殿修缮设计

江西九江锁江楼
修缮工程技术监理

苏州准提庵[唐寅祠]
修复工程设计

苏州江南织造府
及八角亭维修工程设计

苏州太平天国忠王府
古建筑群修复工程设计

苏州李鸿章祠堂
修复工程设计

1997

苏州韦白二公祠
修复工程设计

1998

吴县光福塔
修复工程技术监理

常熟方塔及梅里聚沙塔
修复工程技术监理

苏州寒山寺
普明宝塔及塔院设计

吴江盛泽先蚕祠
修复工程设计

苏州留园瑞云峰
修复工程设计

1999

苏州文庙大成殿
修复工程设计

吴江慈云寺塔
修复工程设计

苏州唐寅墓
修缮工程设计

、廊亭及
修工程设计

明宝塔及

区
程设计

军械所

21TH CENTURY 00S

21世纪-00

2000

昆山周庄沈厅砖雕门楼
维修工程设计

吴县保圣寺大殿
维修工程设计

苏州天香小筑
维修工程设计

2001

苏州刺绣研究所环秀山庄
假山抢修设计

2002

浙江西塘
西园设计

苏州市城隍庙
修缮设计

苏州万寿宫大殿宫门仪门
修缮工程设计

苏州市开元寺无梁殿
修缮设计文物保护工程

上海 · 美丽古民居酒店

2007

苏州博物馆
宋画斋（现“墨戏堂”）营造

河南郑州
中牟静园

2006

深圳大鹏所城
保护修缮设计

2005

山东招远黄金阁

宿迁嶂山森林公园
景观石塔

2008

苏州枫桥景区南大门
综合改造

苏州东山莫厘村东庭院

江西蚕桑茶叶研究院
唐伯虎别馆

青岛板桥镇仿古
建筑群设计

2010

南京溧水胭脂河
保护规划方案设

重庆缙云山绍龙
白云观保护修缮

重庆市北碚区缙
保护修缮设计

重庆市北碚区温
保护修缮设计

南通海门市余东
郭利茂银楼等修

2012

0 年代

21TH CENTURY 10S

21 世纪 - 10

3

门古城墙

街状元府彭宅
设计

4

丽则女中

渡桥

苏州甪直保圣寺天王殿
修缮工程设计

浙江嘉兴梅湾街传统
保护建筑群修复更新设计

2009

浙江莫干山
高峰寺

连云港中云林场
会所设计

泰兴城隍庙设计

浙江温州瓯海区
前村云会禅寺

内蒙古美岱召广场
及周边环境设计

宿迁宿城新区黄海路
廊桥设计

上海石库门
[公元1860]

2011

连云港灌南县
香格里拉公园

南通海安县墩头镇
仿古建筑

生桥

温州瑞安市话桑楼
复建工程设计方案

苏州沧浪区民居展示馆
庙堂巷忠仁祠、
范氏宅园修缮保护方案

安徽宣城翠云庵
复建设计方案

山东招远魁星公园、
温泉公园规划设计

苏州良胜水上游艇有限公
司码头规划设计方案

连云港夹谷山温泉休闲
风景区规划方案

苏州东山西街文化馆
建筑设计

胶州少海新城嘉树园
建筑设计方案

胶州少海新城慈云寺
建筑设计

连云港云门寺
规划设计

景德镇天主教堂
保护修缮

福建三明有园桂花
文化馆改造设计

荆门市漳河镇农民文化
活动中心设计方案

永川兴龙湖商业街
方案设计

海峡两岸中华桂花
文化园规划设计

阜宁县华中局第一次扩大
会议旧址复建设计

景德镇江家坞 27 号
保护修缮设计

南京高淳漆桥古村落
保护修缮设计

徐州四堡明代燕桥
保护修缮工程设计

2014

连云港
设计方

云南省
古建筑

徐州天
文化圣

温州市
中普陀

1 号楼
设计

花园小厅

2013

深圳鹤湖新居室外环境
整治工程设计

青海循化县塔沙坡清真寺
唤礼楼抢救性维修方案设计

景德镇三闾庙历史文化
街区保护修缮工程设计

江西景德镇忠洁侯庙及
三闾庙码头保护修缮设计

泰兴市庆云禅寺法轮塔
维修工程设计

黎里古镇中心街古建筑
测绘修缮设计

安徽文峰塔修缮设计

溧水抗日根据地
大金山遗址保护修缮设计

南京溧水宋瑛墓前院
环境整治设计

凤庆县文庙
保护修缮设计

南通市通州南山寺
规划设计方案

盐城大丰市斗龙生态园
观湖阁设计

白马寺万佛殿设计方案

徐州市泉山区普照寺
扩建项目设计

20

杭州
修缮

太仓
及碑

广东
修缮

丹阳
维修

泰兴
修缮

慈云
周边

]

]公园
是提升

:

:设计

南京游子山国家森林公园
游子路仿古街更新设计

苏州清真寺方案设计

连云港宿城法起寺
规划设计

浙江省台州市黄岩区
委羽山大有宫勘察设计

沭阳县原潼阳县政府
旧址方案设计

宜兴窑址—前墅龙窑
抢险加固工程设计

宜兴窑址——前墅龙窑
[明至今]抢险加固工程方案

南京市溧水区和凤
杨氏宗祠保护修缮设计方案

临沧玉龙湖玉龙阁设计

云南红河州弥勒玲珑阁
建筑设计

弥勒市红河水乡
建筑博览片区设计

2016

2017

雅门楼

居

令部旧址

十

会馆

十

溧水区石湫魏氏宗祠
修缮设计

丁蜀镇古南街民居
修缮设计

新四军三师师部旧址
[黄克诚旧居]修缮设计

溧阳市民俗文化广场
民俗建筑设计

浙江嘉善杨庙禅寺
整体规划设计方案

浙江德清净心庵
整体规划设计方案

湖州市德清正道寺
藏经楼建筑设计方案

桐乡赵汝愚纪念馆设计

浙江千峡湖冷水坑、
龙公岙旅游景区规划方案

鄞江官池路、水中路
沿街立面更新规划设计

宾兴馆保护勘察
修缮整治设计

上海金山区吕巷镇
干氏宅保护修缮计

溧阳市太虚观
遗址保护修缮设计

弥勒文化馆设计

史贻直墓环境整治

苍南藻溪龙门阁工程

新四军第一支队指挥部
旧址修缮设计

昆明阳宗海养老院服务中心
样板区古建筑设计设计方案

建水县朱家花园片区
保护与恢复工程项目

沭阳县潼阳县政府
旧址修缮改造工程项目

弥勒市城乡规划
展览馆设计

般若寺：赤山六度

松江区泗泾镇
古建筑设计

安庆古城历史文化街区
城市再生

安庆人民路以南历史文化
街区连片保护性开发项目

吕巷镇干望山宅
修缮工程项目

黎里鸳鸯厅及西侧
古建筑修缮项目

杨柳村古民居、淳化云居寺
修缮方案设计项目

河南建业樱桃沟足球小镇
启动区建筑设计

2018

2019

淮北隋唐运河古镇
运河大观园[阁]

南京市溧水区三畏堂
测绘、修缮设计

黄桥战斗旧址
抢险加固工程

小西湖地块棚户区[危旧房]
改造项目

董夕生及其山边历史建筑
修缮设计

金佛山良瑜养生谷酒店
外立面深化设计

芜湖古城城市更新
景观环境设计

宜兴丁蜀镇蜀山龙窑之路
规划与景观设计

盘门古城墙研究性文物保
护项目勘察及设计与咨询

宜兴丁蜀镇蜀山北厂街块
规划与建筑景观方案设计

实录库仿古建筑
空间改造及室内设计

东方之门酒店宴会厅
及附属序厅部分古建装修
工程深化设计

嘉兴火车站老站房及
附属设施重建

滁州老城区历史文化名城
保护更新设计

苏州东山修德堂古建筑群
修复设计

中海苏州竹辉饭店
古建设计

剑川古城南城门
及周边片区整治更新

乌龙古渔村保护与环境治理
项目启动区建筑设计

龙游河工程水街景观
构筑物设计

上海山阳镇大金山
天后宫规划设计

宜兴市丁蜀镇蜀山西街
历史风貌区街巷道路与
重要节点景观设计

滁州历史文化街区保护
利用项目设计

2020

21TH CENTURY 20S

21世纪-20年代

2021

涡阳县晚清古民居
历史建筑修缮设计

朱子文化园旅游
配套设施工程[文公山]一期
游客中心古建筑深化设计

洞山寺藏经楼
复建工程设计

李家祠堂修缮
及民房改造设计

嘉鱼188亩项目建设
工程方案设计

庐山核心区城市
概念方案设计

南京康居熹禾酒
景观方案

成都宽厚里项目
古建设计

乌龙古渔村保护
生态治理项目策
落地研究及建筑

宜兴市丁蜀镇木
建筑与环境设计

修水历史文化街区
修建性详细规划

连城县四角井片区
建筑设计

vivo研发总部
企业培训中心

吉水县上下老街历史文化
街区保护利用项目初步设计

郑州建业足球小镇
长安古寨修缮及民宿设计

2022

图书在版编目（CIP）数据

匠作 / 水石设计著. -- 上海 : 同济大学出版社,
2022.10
ISBN 978-7-5765-0421-7

Ⅰ. ①匠… Ⅱ. ①水… Ⅲ. ①景观设计—作品集—中
国—现代 Ⅳ. ①TU983

中国版本图书馆CIP数据核字(2022)第194412号

匠作
水石设计 著

出品：水石设计
总编：苏州市文物古建筑工程有限公司　苏州水石传统建筑研究院
主编：沈华 沈禾 严志
顾问：沈旸 毛聿川
编委：沈忠人 沈华 夏丽君 李康 范燕亮 刘庆堂 金戈 徐晋巍 钱晓冬 张佾媛
张妍钰 曾越 尹莉 叶霖霖 乔雅雯 王琇 严洁
支持机构：水石城市空间视觉设计室 水石品牌 水石景观 卓时水石 水石米川
书籍设计：张佾媛 曾越 郑嘉钰 王瑞杰

出版人：金英伟　责任编辑：荆华　责任校对：徐春莲

版次：2022年10月第1版
印次：2022年10月第1次印刷
印刷：上海雅昌艺术印刷有限公司
开本：889 mm × 1 194 mm　1/16
印张：20.25
字数：648 000
书号：ISBN 978-7-5765-0421-7
定价：188.00元
出版发行：同济大学出版社
地址：上海市杨浦区四平路1239号
邮政编码：200092
网址：http://www.tongjipress.com.cn
经销：全国各地新华书店
本书若有印刷质量问题，请向本社发行部调换。